解密相對論

說明時空之謎與重力現象的理論

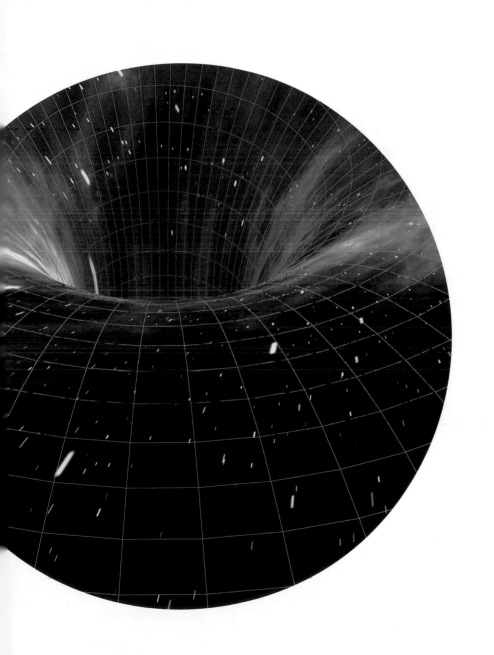

人人出版

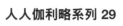
人人伽利略系列 29

說明時空之謎與重力現象的理論
解密相對論

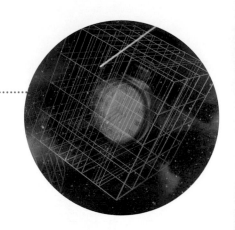

相對論
摘要

1905年，物理學家愛因斯坦（Albert Einstein，1879～1955）發表了融合時間與空間的革命性理論「狹義相對論」（special relativity）。而經過10年後的1915年到1916年，他將狹義相對論更進一步進化，完成了「廣義相對論」（general relativity）。第 1 章，首先摘要性介紹廣義相對論和狹義相對論究竟是什麼樣的理論。

協助　和田純夫

狹義相對論是如何誕生的呢？

「**狹**義相對論」是為了解決「電磁學」和「牛頓力學」之間矛盾而創立的理論。

牛頓力學是17世紀中葉，英國的大科學家牛頓（Isaac Newton，1643～1727，儒略曆為1642～1727）所確立的理論。牛頓提出「萬有引力定律」（Newton's law of universal gravitation）和「運動方程式」

馬克士威
（1831～1879）

英國的物理學家，他在1864年完成將被視為不同東西的電和磁予以統一說明的方程式，奠定了電磁學的基礎。

（equations of motion），能夠完美說明行星和物體的運動。牛頓認為時間和空間都是永不改變的**「絕對時間」和「絕對座標」（絕對空間）**，他乃是在這樣的基準下來思考物體運動。支持牛頓力學的支柱之一就是不管在哪個慣性參考系（處於靜止或是正在做等速直線運動的場所），力學定律都一樣的**「相對性原理」（relativity principle）**。

根據長時間的觀測和實驗結果，皆未發現與牛頓理論有背離的矛盾點，因此科學家認為所有的自然現象皆可利用牛頓力學來說明。

電磁學（electromagnetism）是邁入19世紀才誕生的學問。英國的理論物理學家馬克士威（James Clerk Maxwell，1831～1879）將自己的研究成果整合後，於1864年提出電磁學的基礎方程式「馬克士威方程式」（Maxwell's equations）。

從馬克士威方程式推導出**光的速度恆為每秒約30萬公里**。從牛頓理論來思考的話，若以與光相同的速度來追趕光的話，光看起來應該是靜止的。然若根據馬克士威方程式，無論從哪位觀測者的立場來看都成立的話，那麼即使以與光相同的速度追趕光，光看起來仍然是以光速前進。

此外，從馬克士威方程式來看，光是一種電磁波，因此也會以波的形式擴散。過去相信空間中存在一種傳播光波的介質**「乙太」（ether）**。乙太相當於牛頓所認為的「絕對座標」。然而，在發現乙太方面的努力，不管採用多麼精密的實驗，全都以失敗告終。

因此，愛因斯坦以**「不管從哪個基準來看，光速皆不變」的「光速不變原理」（the principle of the constancy of the speed of light）和「相對性原理」為基礎，認為牛頓所說的絕對時間和絕對空間並不存在，時間和空間會依運動狀態而變化。**

牛頓
（1642～1727）

英國的物理學家暨數學家，他確立了
萬有引力定律、發明微積分等等，留下
許多成為近代科學基礎的重要成就。

1. 不管在何處，時間的推進
速度（進程）都是一樣的

2. 不管在何處，物體的
長度都是一樣的

在愛因斯坦以前的人所認為的
「時間」與「空間」

插圖所繪為牛頓這些生在愛因斯坦以前的人所懷抱的世界觀。牛頓認為
這世界有個前提，就是時間進程（1）和物體長度（2）不管在何時、何
地、何人來看都是一樣的，此前提稱為「絕對時間」和「絕對座標」
（絕對空間）。在插圖中，絕對座標以由等長的邊所構成之格子來表示，
絕對時間則以不管哪個星系都顯示相同時刻的時針來表示。

愈是接近光速，空間收縮，時間進程變慢！

愛因斯坦以光速不變原理和相對性原理為立論基礎，建構出新的理論，亦即**時間的進程以及物體與空間的長度（距離）會因觀測者的立場而異**，換句話說，時間與空間是**「相對的」**。於是，便推導出：**「觀測者所見到的運動速度越快（愈接近光速），運動中的時鐘會變慢，運動物體沿運動方向的長度會收縮」**（請參考插圖 2），這就是於1905年發表的「狹義相對論」。

從靜止的 B 先生來看，以接近光速運動的 A 小姐，其時鐘指針的行進速度變慢。另外，與之連動的是 A 小姐的長度朝行進方向收縮。又，這樣的時間延遲和長度收縮，僅在與其他立場的人相比較時才有意義。A 小姐本身完全沒有感覺到自己的時間延遲和長度收縮。再者，從 A 小姐的立場來看，是 B 先生這方以接近光速的速度移動，亦即看起來是 B 先生的時間延遲，長度收縮。這就是說，時間的延遲和長度收縮是「互相的」。

自從狹義相對論問世之後，時間與空間被視為一體是連動伸縮的，因此兩者被合稱為**「時空」**（space-time）。

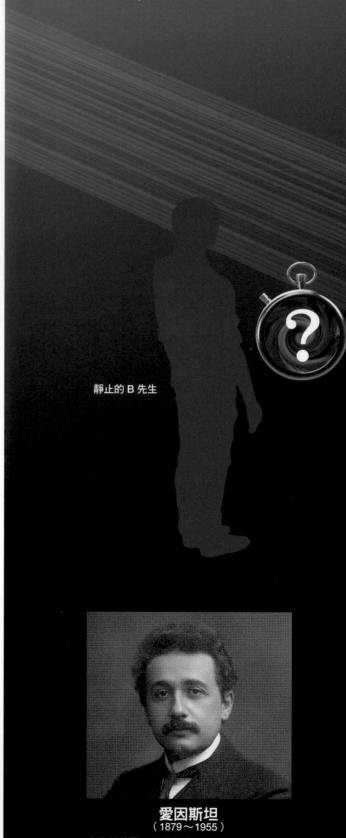

靜止的 B 先生

愛因斯坦
（1879～1955）
出生於德國，父母都是猶太人的物理學家。除了狹義相對論、廣義相對論之外，他還發表了「光量子假說」、「布朗運動理論」等許多革命性理論。

以接近光速運動的人，看起來會是怎樣的情形呢？

插圖係表示從靜止之B先生的立場來看，以接近光速運動的A小姐看起來會是怎樣情形的示意圖。若以牛頓力學來思考的話（**1**），A小姐的時間和長度皆保持不變。而從A小姐所發出之光的速度會是A小姐的移動速度再加上光速，這樣的結果與馬克士威方程式矛盾。

另一方面，若根據狹義相對論（**2**），A小姐的長度會縮短，時間進程會延遲。此外，A小姐所發出之光的速度維持每秒約30萬公里。

雷射光
（秒速約30萬公里）

以每秒27萬公里
飛行的 A 小姐

---

1. 以牛頓力學來思考所得到的答案

B 先生的馬表

A小姐

秒速約57萬公里？

A小姐的時間與
B先生的時間以
同樣速率推進。

秒速
27萬公里

秒速約
30萬公里

B 先生

對靜止的B先生而言，以秒速27萬公里行進的人所發出的光（秒速約30萬公里），根據單純的加法（此計算方法稱為「伽利略速度合成定律」），看起來應該會以秒速57萬公里的速度前進。但是，這樣的結果與認為光速恆定的馬克士威方程式矛盾。

---

2. 將狹義相對論納入考慮之後的正確答案

B 先生的馬表

A小姐

秒速約30萬公里！

從 B 先生的立場來看，
A 小姐的時間進程比 B
先生的時間進程慢。

從 B 先生的立場來看，
A 小姐看起來好像往行
進方向收縮。

B 先生

根據狹義相對論，從 B 先生來看，光還是以每秒約30萬公里的速度行進。同時，隨著速度愈接近光速，物體會收縮，時間的進程會變慢。

從狹義相對論衍生出全世界最有名的公式 $E=mc^2$

從狹義相對論推導出「**能量與質量等效**」的結論。愛因斯坦認為能量與質量的關係可以用「$E=mc^2$」這個公式來表示，E 表示能量（energy），m 是質量（mass），c 是光速。

該公式主張：只要物體具有質量，即使沒有移動也擁有莫大的能量。根據此點，就能說明太陽內部的核融合反應以及核能的核分裂反應。這些都是僅減少些微的質量，就釋放出相應該質量之龐大能量的反應。

此外，從狹義相對論也推導出**隨著運動物體的速度增加，重量也增加**（能量增加）。運動物體的速度愈接近光速，重量會無限增加，當速度達到光速時，重量變得無限大。現在，在基本粒子物理學領域中，全世界各地都在使用讓電子等粒子加速的粒子加速器（particle accelerator）進行實驗。粒子加速器將電子和質子等加速至接近光速，並且確認這些粒子在此時實際變成非常重的（能量非常高）粒子。

能量與質量是等效的

愛因斯坦從光速不變原理等推導出「$E=mc^2$」這個式子。這個算式意味著過去一直以來分別處理的「能量（E）」和「質量（m）」其實是相同的東西，以光速（c）來連結。

飛行中的球具有「動能」（kinetic energy）。將球投擲到玻璃上，應該會把玻璃打破。換句話說，具有速度的球具有破壞玻璃的「能力」，該能力便是動能。能量的形式非常多樣，像是「熱能」（thermal energy）、「電能」（electric（al）energy）等等。

動能

mass

所謂質量亦即表示「物體運動之難易程度」的值。比方我們可以說，鐵球比乒乓球更不容易運動，這是因為鐵球的質量比較大的緣故。這種「運動之難易程度」不僅在地球上，連在太空中（無重力狀態）都一樣。

乒乓球

即使是在太空中，
鐵球也比乒乓球更
不容易運動

鐵球

mc²

celeritas

c 表示光（電磁波）在真空中的速度。正確來說，c 的值為「秒速29萬9792.458公里」。狹義相對論是在光速為宇宙最高速度，並且不會改變的基礎上建構出來的理論。表示光速的符號「c」是源自拉丁語具「迅捷」之意的「celeritas」。

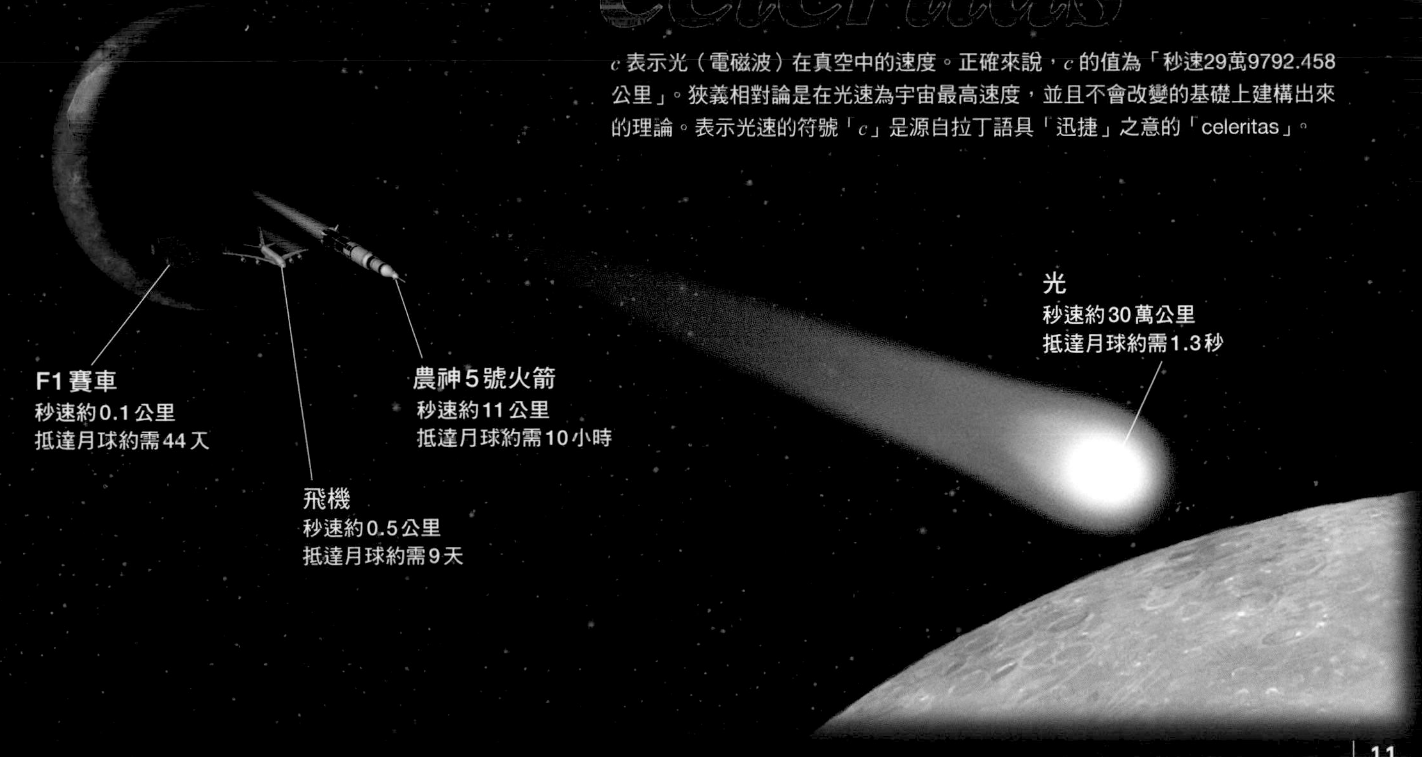

F1賽車
秒速約0.1公里
抵達月球約需44天

飛機
秒速約0.5公里
抵達月球約需9天

農神5號火箭
秒速約11公里
抵達月球約需10小時

光
秒速約30萬公里
抵達月球約需1.3秒

有重力＝時空彎曲

藉由狹義相對論闡明時空伸縮的愛因斯坦，對成果並不滿意，他將狹義相對論進一步發展，在大約經過10年後完成了「廣義相對論」。愛因斯坦藉由廣義相對論所闡明的，就是重力的本質乃是**「時空彎曲」**。

在17世紀，牛頓認為所有物體皆具有與其質量相應之萬有引力（重力）而互相吸引，這就是「萬有引力定律」，也是廣義相對論尚未出現以前的傳統重力理論。但是牛頓對於為什麼會產生萬有引力（重力），卻沒有任何

說明（**1**）。

此外，傳統認為牛頓的萬有引力不管距離多麼遙遠，都能瞬間（速度無限大）傳遞。但是這一點與狹義相對論認為「任何物體的速度皆無法超越光速」的想法有所牴觸。

另一方面，廣義相對論將重力解釋為「時空（時間與空間）的彎曲」（**2**）。在時空彎曲的影響下，物體會往下掉落、地球會繞著太陽公轉。重力場源愈重（質量愈大），時空彎曲愈大；靠重力場源愈近，時空彎曲也愈大。

重力使光線的行進路線彎曲了！

時空彎曲使光的行進路線也彎曲了。這裡所說光線行進路線彎曲的意思，不是像發生在物質交界面的「光線折射」這類現象。光在真空中以及在同一物質中都是筆直前進的，不過若時空彎曲（有重力作用）的話，光即使筆直在空間中行進，但由於空間彎曲，導致光的行進路線也跟著彎曲了。

「連不是物體的光都會出現彎曲」著實是讓人難以相信的現象，但是藉由「重力透鏡效應」（gravitational lensing effect）（**3**）等的觀測，已經得到確認。

所謂重力就是時空彎曲

牛頓認為在物體與物體之間有所謂「萬有引力」的力在作用，但是對於該力的「真正身分」卻沒有任何的說明（**1**）。另一方面，愛因斯坦認為只要有物體，其周圍時空就會「彎曲」。該彎曲的影響，以重力的形式被觀測到（**2**）。下面插圖所繪為因時空彎曲所產生之「重力透鏡效應」的機制（**3**）。

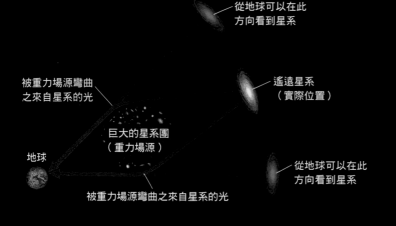

從地球可以在此方向看到星系

被重力場源彎曲之來自星系的光

巨大的星系團（重力場源）

地球

被重力場源彎曲之來自星系的光

遙遠星系（實際位置）

從地球可以在此方向看到星系

3. 「重力透鏡效應」的機制

插圖所繪為在狹義相對論基礎上將重力納入，建構出之廣義相對論的重力透鏡效應機制。當遙遠星系與地球之間有大質量重力場源（眾多星系聚集而成的星系團等）時，遙遠星系所發出的光就會被彎曲。結果，來自多途徑的光聚集，遙遠星系看起來或是變亮，或是變形扭曲。

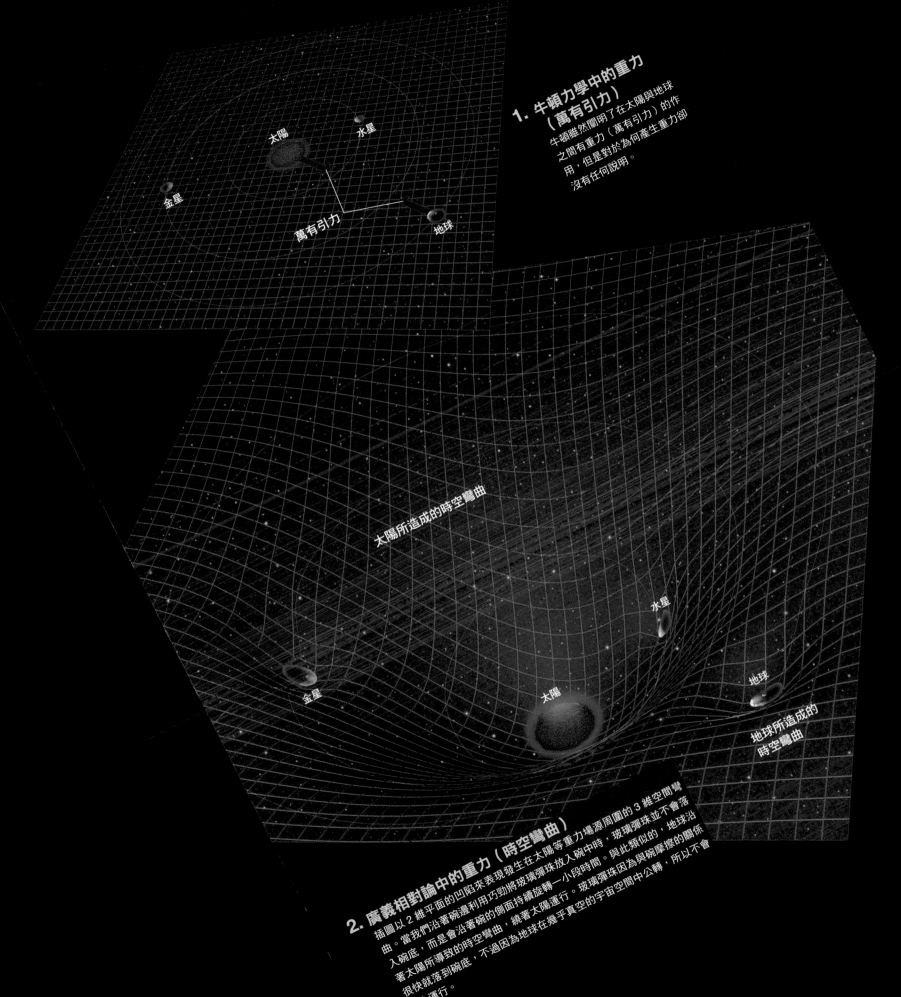

1. 牛頓力學中的重力（萬有引力）

牛頓雖然闡明了在太陽與地球之間有重力（萬有引力）的作用，但是對於為何產生重力卻沒有任何說明。

太陽

水星

金星

萬有引力

地球

太陽所造成的時空彎曲

金星

水星

太陽

地球

地球所造成的時空彎曲

2. 廣義相對論中的重力（時空彎曲）

插圖以 2 維平面的凹陷來表現發生在太陽等重力場源周圍的 3 維空間彎曲。當我們沿著碗邊利用巧勁將玻璃彈珠放入碗中時，玻璃彈珠並不會落入碗底，而是會沿著碗的側面持續旋轉一小段時間。與此類似的，地球沿著太陽所導致的時空彎曲，繞著太陽運行。玻璃彈珠因為與碗摩擦的關係很快就落到碗底，不過因為地球在幾乎真空的宇宙空間中公轉，所以不會　　運行。

相對論的兩大基礎公設

相對論闡明「時間進程和空間長度並非絕對不變，而是會依立場而異」、「能量和質量在本質上是相同概念」等事實，從根本推翻了一直以來大家所認知的物理學常識。而上述相對論這種令人驚訝的結論，就是從「光速不變原理」和「相對性原理」推導出來的。在第2章中，將會針對這兩大原理有詳細的介紹。

協助　松原隆彦／江馬一弘／和田純夫

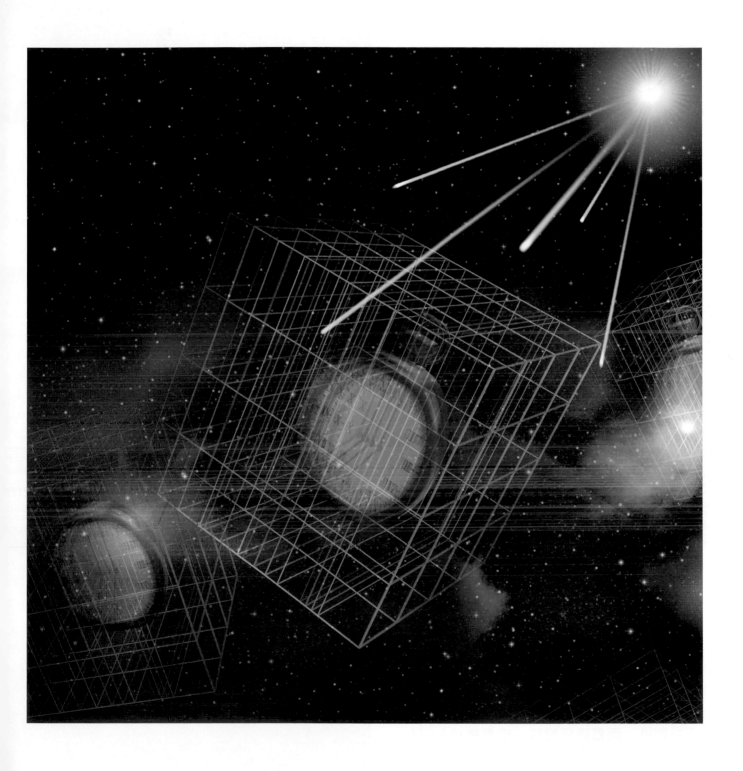

一面前進一面投球，投出的球速變快……非常理所當然的速度加法

相對論有兩個基本公設，其中一個是「**光速不變原理**」。誠如字面所示，是光的速度（光速）永遠不會改變（不變）的原理。

速度恆定是件非常不可思議的事，**因為速度會因觀察者的立場很容易就發生變化**。例如，當有一輛時速120公里的車子從時速100公里的車子旁邊呼嘯而過時，從坐在時速100公里之汽車中的人來看，從自己旁邊超車而過的車子速度是20公里（＝120公里－100公里）。

速度因觀察者立場有時變快、有時變慢

讓我們進一步認識速度的加減。想像一位能夠投出時速達150公里之速球的投手投球的情形（**A**）。當然，捕手所接到的就是時速達150公里的速球。

現在（可能情況有點不可思議），讓我們來想想假設有部以每小時20公里的速度在軌道上順暢移動的台車，投手就站在台車上投球（**B**）的情況。於是，**原本時速150公里的球速加上台車的時速20公里，抵達捕手這端的球速高達170公里**。

接下來，讓我們思考一下投手站在固定地方（未前進）所投出的球，捕手在以時速20公里前進的情況下接球（**C**）。**因為加上自己前進的這20公里，所以捕手所看到的球速也是時速170公里**；然而從投手的立場來看，不管自己是前進的，還是靜止的，自己所投出的球時速都是150公里。

倘若投手和捕手兩者皆以每小時20公里的時速前進，並且進行投球和接球動作的話，那麼從捕手立場所看到的球速就更快了，竟然高達190公里（＝150＋20＋20）之譜。此外，倘若不是前進，**而是後退投球（或是接球），只要將這部分的速度減去，球速就變慢了**。

從上面所述即可明白，一般來說速度並不是「絕對的」，而是很容易會依所觀察立場改變的「相對性」概念。

一般的速度加減

插圖是以投球為例，表現速度的加減情形。假設投手保持以150公里的時速投球，那麼隨著投手前進（**B**）或是捕手的前進（**C**），只要加上前進部分的速度，就是從捕手的角度所見到的球速增加。

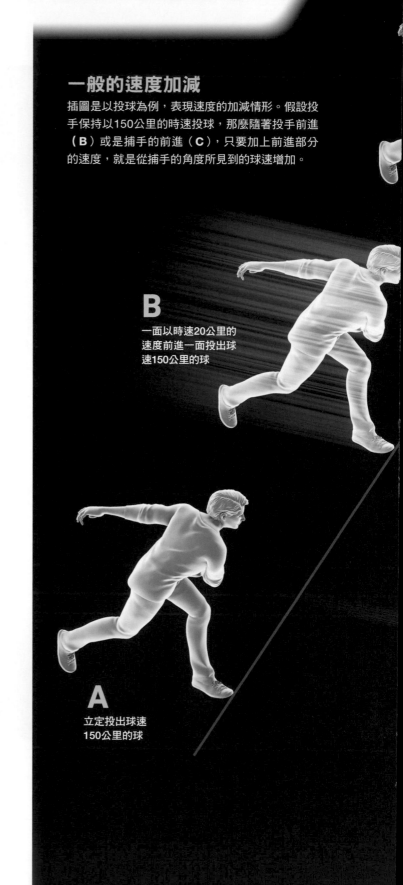

B
一面以時速20公里的速度前進一面投出球速150公里的球

A
立定投出球速150公里的球

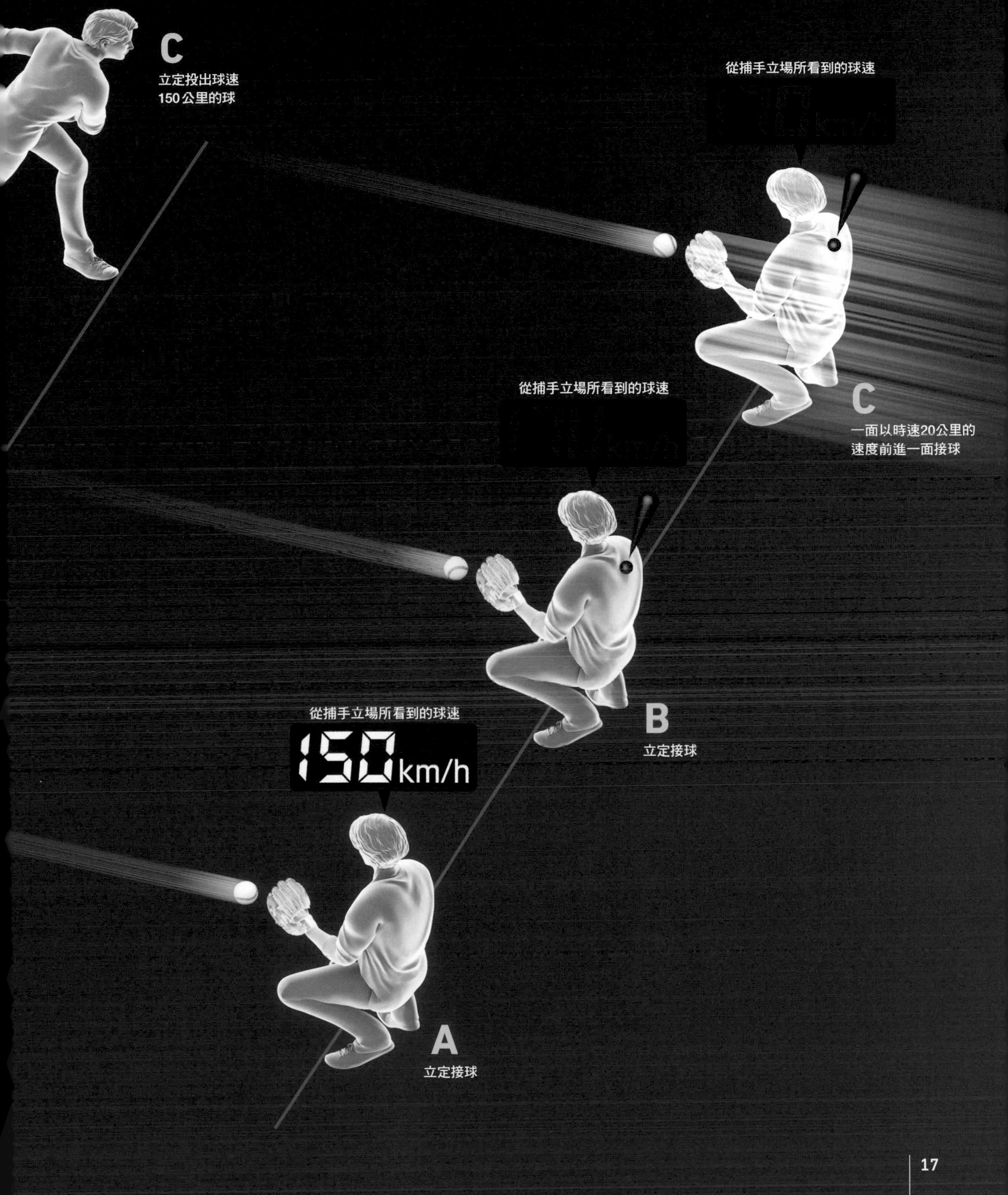

C
立定投出球速
150公里的球

從捕手立場所看到的球速

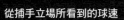

C
一面以時速20公里的
速度前進一面接球

從捕手立場所看到的球速

B
立定接球

從捕手立場所看到的球速

150 km/h

A
立定接球

不管如何努力提速，光速都不會改變！

現在讓我們將前頁中所提及的狀況，以光速取代球速來看看吧！**光的速度大約是每秒30萬公里（正確來說是每秒29萬9792.458公里）。**就跟前頁所提到的情況一樣，倘若一面前進一面發光的話，光的速度應該會變快吧！倘若我們一面前進一面觀察朝向自己而來的光，光的速度看起來應該會增快自己前進這部分的速度才對。

然而，**不管是光的發出源（光源）或者是觀測者如何的快速移動，光的速度依舊維持在每秒大約30萬公里的速度沒有改變（A～C）。**這個違反我們日常之速度常識的現象稱之為「光速不變原理」。

光速不變並非「假設」

愛因斯坦在1905年6月所發表的相對論論文中表示：「不管發出光的物體是靜止的還是移動的，光都會以固定的速度前進」。很多人誤以為光速不變原理僅是愛因斯坦個人的假設，然而如今**經過許許多多實驗的高精密度確認這是個事實。**

日本高能加速器研究機構的松原隆彥教授表示：「也許大家都以為每個物理學家都對相對論深信不疑，然而事實恰好相反，許多物理學家進行各種實驗，企圖找出愛因斯坦的錯誤，也有人反覆進行理論思考，期待發現其中的破綻。儘管如此，**都未能發現違反光速不變原理的現象。」**

光速是任何物體皆無法超越的自然界最高速度

從光速維持一定推導出下面這個結論，就是**「光速是自然界的最高速度（速度的上限）。」**

讓我們想像一下搭乘超高性能的太空船，在速度逐漸提升的同時，時而朝太空船前方發射光束的情景。從太空船中觀測此光時，應該會依循「光速不變原理」，光以光速（每秒約30萬公里）從太空船發出朝前方行進。換句話說，不管太空船再怎麼加速，原理上都不可能超越光（超越光速）。

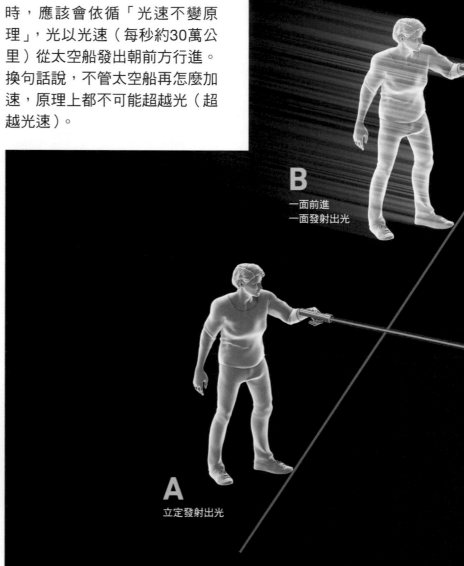

B
一面前進
一面發射出光

A
立定發射出光

光的速度無法加減

從手持發光器發射出光，想想在遠方的人觀測到的情形。就跟前頁的投球例子一樣，倘若發光器（光源）前進（**B**）或是觀測者前進（**C**），則加上前進這部分的速度，光應該更快速前進才對。然而，事實上光的速度維持一定（每秒約30萬公里），不管是從光源側或是從觀測者側來看，光速皆未有變化。

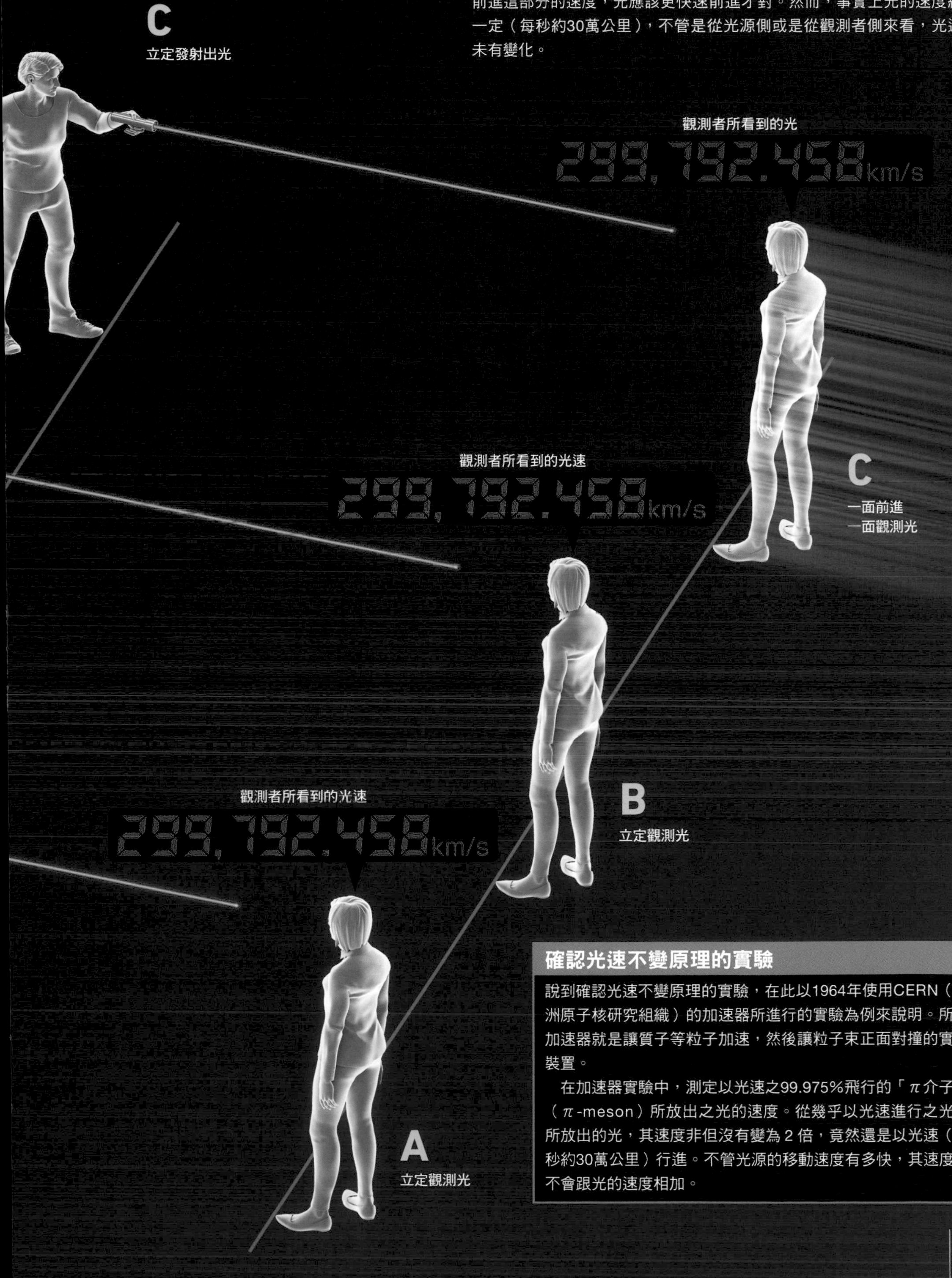

C
立定發射出光

觀測者所看到的光
299,792.458 km/s

觀測者所看到的光速
299,792.458 km/s

C
一面前進
一面觀測光

B
立定觀測光

觀測者所看到的光速
299,792.458 km/s

A
立定觀測光

確認光速不變原理的實驗

說到確認光速不變原理的實驗，在此以1964年使用CERN（歐洲原子核研究組織）的加速器所進行的實驗為例來說明。所謂加速器就是讓質子等粒子加速，然後讓粒子束正面對撞的實驗裝置。

在加速器實驗中，測定以光速之99.975%飛行的「π介子」（π-meson）所放出之光的速度。從幾乎以光速進行之光源所放出的光，其速度非但沒有變為 2 倍，竟然還是以光速（每秒約30萬公里）行進。不管光源的移動速度有多快，其速度都不會跟光的速度相加。

並非不管在何種情況下，光速都維持每秒30萬公里

「**不**」管在什麼狀況下，光的速度都不會改變」這句話也許說得太過了，例如，**當光在物質內部前進時，光的速度會變慢**（右邊插圖）。舉例來說，當光在鑽石內部行進時，光的速度變慢到大約只有真空中的41%。根據專門研究光物理學的日本上智大學江馬一弘教授的說明，由於位在光通道上之物質（原子）的關係，光會在被「吸收」之後再被「放出」。因為光的「吸收」與「再放出」在物質內部重複無數次，所以光的速度就變慢了。

光速不變原理是與「真空中」之光相關的原理。因此，即使光在物質內部的行進速度變慢，也不表示光速不變原理有誤。

光的本質是什麼？

光的真正身分是空間的「電場※」和「磁場※」振動傳遞的波，光也稱為**「電磁波」**。不僅肉眼所能見到的光（可見光），連紅外線、紫外線、無線電波、Ｘ射線等也都是電磁波，它們之間的差異僅是波長（頻率）不同罷了。**即使波長不同，但是所有電磁波在真空中皆以光速（每秒約30萬公里）前進。**

即使在真空中，也會有光速發生變化的情形

其實，即使在真空中，光的速度也可能發生變化，**就是當光通過重力作用很強的場所時**。科學家認為強大重力所導致的時空（時間和空間）彎曲是光速變慢的原因（詳情請看第 4 章說明）。

光速不變原理嚴謹來說是在沒有重力作用（時空沒有彎曲）時才成立的原理。不過，即使是在有重力作用的場合，只要十分靠近觀測對象（光），即可視時空彎曲如無物（重力的影響可忽略不計），因此光仍然是以光速行進。光的速度看起來會變慢，是因為從遠方觀測到光行經重力作用之場所的關係。

相對於光在真空中之速度的比例

0%
10%
20%

鑽石
真空中的約41%

油
（石蠟油）
真空中的約68%

※：電場（electric field）是電力作用所能及的空間，磁場（magnetic field）是磁力作用所能及的空間。舉例來說，在帶靜電物體的周圍會產生電場，在磁鐵的周圍會產生磁場。

光在物質內部速度變慢的詳細原因

讓我們以理論來說明所謂物質內部的原子將光「吸收」這個現象。構成物質的原子，其內部電子吸收光的能量，而躍遷為能量較高的「激發態」（excited state）。不過，若是在透明物質內部被「吸收」的話，電子不會停留在激發態，激發態僅是一瞬間而已（虛態）。而所謂的「再放出」就是在極短時間後，電子從激發態回到原本之「基態」（ground state）時，將與吸收能量相等的能量以光的形式放出。

此外，也可利用頻率相同的兩列波疊加，某些區域的振動加強，某些區域的振動減弱的「干涉」（interference）現象，來說明光在物質內部速度變慢的原因。當光通過物質內部時，因為光的能量使物質內部的電子晃動。從振動的電子就產生光。因為原本的光與電子產生的二次光發生干涉，物質內部的光波長遂變短。當光波的頻率（光波 1 秒所振動的次數）不變，僅是波長變短的話，波的行進速度就會變慢。

江馬教授表示，一般而言光在物質內部的速度，若構成物質之每一個原子與光的交互作用越強，以及原子的密度越高，光的速度就變得越慢。

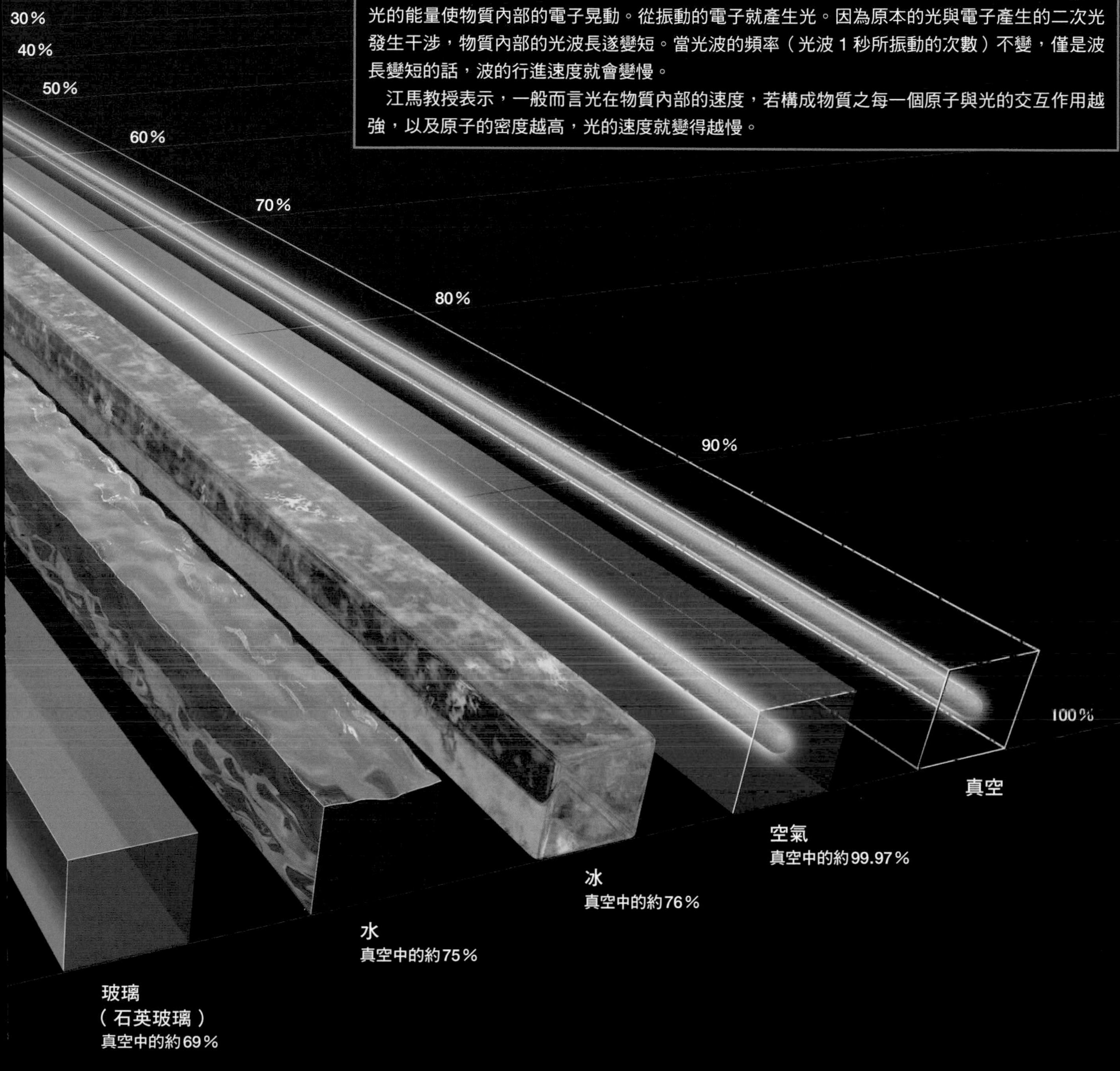

30％
40％
50％
60％
70％
80％
90％
100％

真空

空氣
真空中的約99.97％

冰
真空中的約76％

水
真空中的約75％

玻璃
（石英玻璃）
真空中的約69％

光在物質內部的行進速度變慢

插圖所示為光在各種物質內部行進的速度（相對於真空中之速度的比例〔％〕）。光在物質內部的行進速度會依光的波長、物質的溫度而異。舉例來說，光在玻璃內部的行進速度有波長越短者越慢的傾向。插圖中的光速是波長589奈米（1 奈米＝100萬分之 1 毫米）的黃色光在各物質內部行進時的速度。

以光速前進的不僅是光

所謂光速，就像字面上的意思一樣，就是光的行進速度，也是自然界的最高速度。然而，這樣的說法往往讓人誤以為「只有光能以光速行進」，其實能以光速行進的除了光之外，還有「**重力波**」（gravitational wave）和「**膠子**」（gluon）。

2015年初次成功觀測到的重力波

根據相對論的說法，重力的本質就是空間的扭曲。**所謂重力波就是具質量之物體晃動使空間產生扭曲，該空間扭曲像波般擴散到周圍空間的現象。**

2015年9月，人類首度成功觀測到重力波。研究者認為這是大約距離太陽系13億光年之遙的兩個大質量黑洞碰撞所產生的重力波，以光速傳播到地球（詳情請看第128頁介紹）。

另一方面，**膠子是構成物質最小單位「基本粒子」（elementary particle）的成員之一**。構成原子核的質子是由上夸克（up quark）和下夸克（down quark）這兩種基本粒子所構成。膠子以光速在夸克間「穿梭」，以傳遞結合夸克的力（強力，也稱強交互作用力）。由於無法單獨取出膠子，不能直接測定其速度，不過科學家認為理論上它是以光速移動。

倘若沒有質量的話，就能以最高速度行進

能以光速移動者，其共通點就是**沒有質量（質量為零）**。在施以相同的力時，質量越大（重）者，越不容易移動；質量越小（輕）者，越容易移動，因此倘若質量為零的話，就能以終極高速的速度移動。此時的速度就是自然界的最高速度，也就是光速（每秒約30萬公里）。

科學家認為重力波和膠子的速度，理論上都是與光速一樣維持一定。換句話說，「重力波速度不變原理」和「膠子速度不變原理」也應該成立。

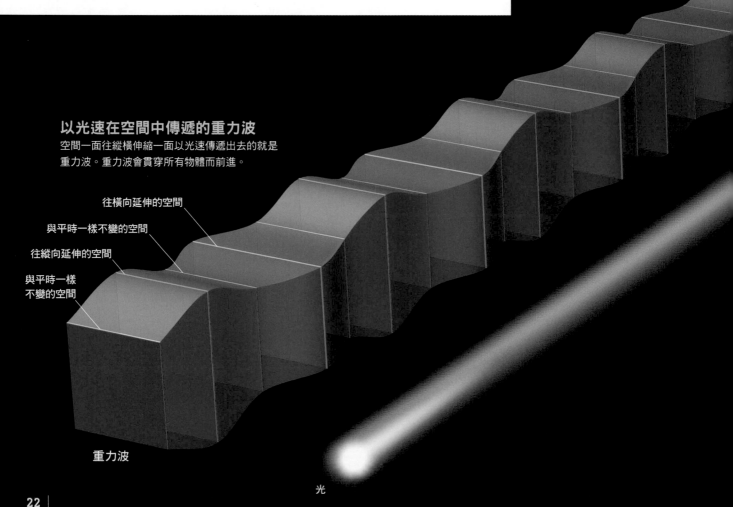

以光速在空間中傳遞的重力波

空間一面往縱橫伸縮一面以光速傳遞出去的就是重力波。重力波會貫穿所有物體而前進。

往橫向延伸的空間

與平時一樣不變的空間

往縱向延伸的空間

與平時一樣不變的空間

重力波

光

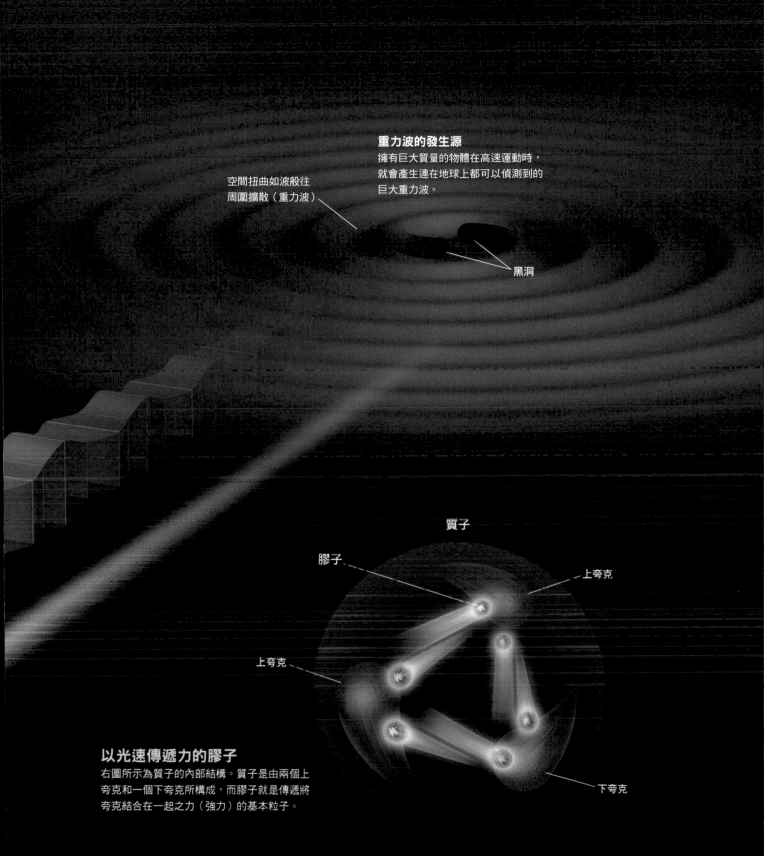

重力波的發生源
擁有巨大質量的物體在高速運動時，就會產生連在地球上都可以偵測到的巨大重力波。

空間扭曲如波般往
周圍擴散（重力波）

黑洞

質子

膠子

上夸克

上夸克

下夸克

以光速傳遞力的膠子
右圖所示為質子的內部結構。質子是由兩個上夸克和一個下夸克所構成，而膠子就是傳遞將夸克結合在一起之力（強力）的基本粒子。

光以外，重力波和膠子皆能以光速行進

插圖所示為除了光以外，也能以光速（每秒約30萬公里）行進的重力波和膠子。實際重力波所造成的空間變化十分微小，2015年觀測到之重力波所導致的空間扭曲大概僅10^{-21}公尺（1毫米的 1 兆分之 1 再100萬分之 1 ）左右。在插圖中，特地強調出重力波所造成的空間伸縮情形。重力波的存在是愛因斯坦在1916年理論預言的，大約經過100年的時間才被人類觀測到。

　　另外，科學家認為在甫誕生的宇宙中，所有基本粒子的質量皆為零，均以光速移動。其後，因為賦予質量的基本粒子「希格斯粒子」（Higgs particle）充滿整個空間，絕大多數的基本粒子均被賦予質量，於是只能以低於光速的速度移動。

哪一方是真正靜止的呢？
其實是無法確定的！

相對論的另一個基本公設就是「**相對性原理**」。這是與物體運動相關的原理。

讓我們想想下面插圖所示的情況吧！假設有時速同為 1 萬公里的 A 太空船和 B 太空船擦身而過。想像從藍色的 A 太空船內眺望紅色 B 太空船的行進情形（左頁）。A 太空船中的人應該會主張「**我（A 太空船）是靜止的，B 太空船以每小時 2 萬公里的速度移動**」吧！

換個立場來看紅色 B 太空船中的人眺望藍色 A 太空船的行進情形（右頁）。B 太空船中的人應該會主張「**我（B 太空船）是靜止的，A 太空船以每小時 2 萬公里的速度移動**」吧！

兩者的說法其實都沒有錯。在地球上的我們因為是以地面為基準，往往很容易就能決定何者是

以擦身而過的太空船思考相對性原理

A、B 二艘太空船以相對於地球每小時 1 萬公里的速度宛如擦身而過般做等速直線運動。只要是在等速直線運動的情況下（稱為慣性參考系，常簡稱為慣性系），不管速度多快，物體的運動方式（運動定律）都不會不同，這就是「相對性原理」。

不過，當加速或減速時，該原理就不適用了。舉例來說，倘若 B 太空船突然加速的話，那就跟捷運開動時一樣，太空船內的人會受到一股往太空船後方推的力（稱為慣力）於是就會被推向後方。此時，不僅是人，就連太空船內的所有物體都受到往船後方推的力，因此 B 太空船內的物體運動方式就會跟在做等速直線運動時不同。當從 A 太空船觀測到該情形時，立即就會知道 B 太空船在加速。

從A太空船看到的景象

B太空船

A太空船
（以每小時 1 萬公里的速度行進）

移動的，何者是靜止的。然而從 A 太空船和 B 太空船的立場來看，兩者的說法都是正確的。

無論多麼高速，太空船內的物體運動方式皆同

在這個太空船例子中，最重要的事就是**各個太空船中的「環境」相同**。

從 A 太空船中的人來看，B 太空船是以每小時 2 萬公里的高速在太空中移動，因此飄浮在 B 太空船內部的人會因太空船衝力而有好像要被推往太空船後方的感覺。不過，事實上並不會這樣。若是立場改變，從 B 太空船中觀察 A 太空船的話，會看到 A 太空船中的人並沒有被推往後方。

以一定的速度前進，換句話說，只要是在做「等速直線運動」（uniform motion in a straight line）的情況下，太空船內的「環境」就相同。所謂「環境」相同，換一個說法就是物體的運動方式相同（相同的運動定律成立）。透過我們不管坐在以時速1000公里飛行的飛機內，還是停在地面的飛機中都可以移動，就可以了解這件事情。

究竟是在移動或是靜止，會因觀察者的立場而改變，只要是成等速直線運動，相同的運動定律就一定會成立，這就是「相對性原理」。

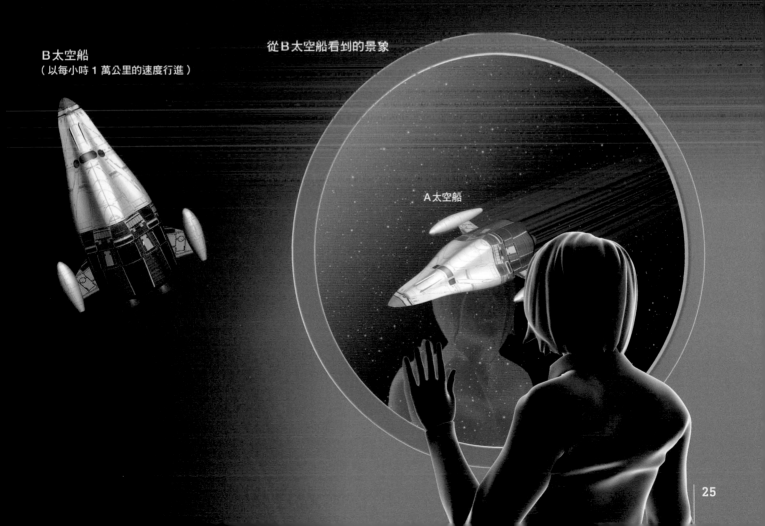

提出相對性原理的伽利略

最初提出相對性原理的人並非愛因斯坦，而是伽利略（Galileo Galilei，1564～1642）。伽利略是發現「從同一高度落下的物體，重者與輕者實際上是同時落地」之「自由落體定律」的義大利科學家。

伽利略的相對性原理基本上與本頁所介紹的相對性原理相同，不過卻與比光速慢很多之物體運動有關。愛因斯坦將伽利略的相對性原理進一步發展，他認為不僅是物體的運動，就連速度不會改變的「光」也適用此原理，而構築出相對論（詳情請看第36頁介紹）。

B太空船
（以每小時 1 萬公里的速度行進）

從B太空船看到的景象

A太空船

無論何處皆不存在「完全靜止的場所」！

究竟是在運動或是靜止，會因為觀察者的立場而改變。舉例來說，在移動的汽車或是捷運中閱讀本書的人，應該會意識自己現在是在「移動中」。另一方面，在房間中閱讀的人則會認為自己是「靜止的」。

但是，**若從宇宙的視點來看的話，即使是建築物中「靜止」的人，也都隨著地球的自轉在運動**。例如，由於地球24小時自轉一圈（約3.3萬公里），所以在台北的人（北緯約25度）大約以每小時1300公里以上的猛烈速度在運動。

位在太陽系中心的太陽是靜止的？

地球一面自轉一面以 1 年的時間繞著太陽公轉。也許有人會認為太陽固定在 1 點而不會移動（靜止不動），不過太陽也會跟著地球等行星，以一周約需 2 億年的時間繞著銀河系中心公轉。

也許有人以為銀河系中心就是固定不動的了，然而若以更廣範圍來看的話，科學家也已經闡明星系會因為彼此的重力作用而互相吸引、接近。我們的銀河系也不例外，正被其他的星系牽引而移動中。

像這樣，因著視點的改變，宇宙的一切東西我們可以將之視為都在運動，也可以視為是靜止的。**在這個世界（宇宙）中，不管從誰的立場來看，都沒有絕對靜止的場所。**

兩大原理所推導出的相對論神奇世界

光速不變原理與相對性原理，在闡明這兩大原理的過程中，不得不思索到「時間和空間伸縮」這個不可思議的現象。下一章，我們將介紹相對論所闡明的時間與空間的神奇性質。🪐

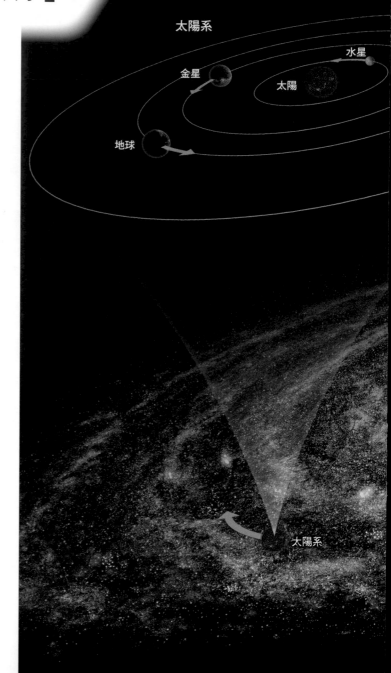

太陽系

水星
金星
太陽
地球

太陽系

只要改變視點，所看到一定是運動的

若太陽是公轉運動的中心，那麼銀河系的中心看起來應該是靜止的。但是如果改變觀察的立場和範圍的話，看起來就必定會是運動的。

此外，當我們思考宇宙膨脹時，應該不存在膨脹中心這樣的場所（右上圖）。不管從任何人的立場來看，宇宙中都沒有靜止的場所。

宇宙的膨脹沒有中心！

宇宙自從誕生以來一直都在膨脹。因為膨脹的關係，分隔兩地的星系會彼此越離越遠。

倘若存在宇宙膨脹中心的話，那麼這個中心點應該是靜止不動的，不過科學家認為應該沒有這樣的場所。倘若如右般改變立場（視點）的話，各星系可以看成一直都在運動，也可以看成一直都是靜止的。

火星

銀河系

銀河系中心

從A星系看到的情形

B星系

A星系

從B星系看到的情形

B星系

A星系

宇宙空間的大小（與時間同時膨脹）

銀河系

以光速追趕光的話，
會看到什麼樣的景象呢？

愛因斯坦究竟是如何建構出相對論的呢？在本章到第4章的「愛因斯坦與相對論」中，我們將介紹相對論誕生的時代背景和建構相對論的過程。

1895年，當時人在瑞士阿勞（Aarau）的16歲少年愛因斯坦腦海中浮出一個疑問：「**如果人以與光相同的速度追趕光，光看**

光看起來是靜止的嗎？

愛因斯坦在16歲時，思考「若以光速追趕光的話，會看到什麼樣的景象呢？」的問題。誠如第30頁中所提到的，光具有波（電磁波）的性質，若以與波相同的速度行進的話，是否會看到停止振動「凍結的光」呢？此凍結的光的想法被後來的光速不變原理所否定了。

所謂波就是「振動的連鎖反應」

手持繩子的一端使之上下振動，即會產生往前方行進的波。請將目光放在繩上的1點，會發現其反覆的上下振動。該點的振動會立即引起相鄰點的振動，然後相鄰點又引發其相鄰點的振動……，這樣的「振動連鎖反應」使波向前推進。

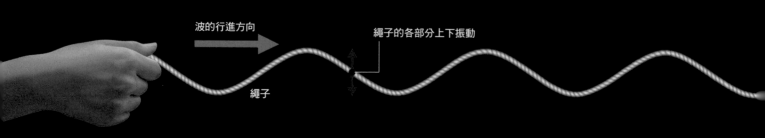

波的行進方向

繩子的各部分上下振動

繩子

起來會是靜止的嗎？」

愛因斯坦後來在著作中描述該疑問是「**與狹義相對論相關的最初思考實驗，其與後來的狹義相對論息息相關**」。狹義相對論的完成是在該疑問浮現的10年後。

從阿勞州立中學畢業的愛因斯坦，1896年（17歲）獲准進入蘇黎世聯邦理工學院學習物理。

在大學時期，愛因斯坦對閔考斯基（Hermann Minkowski，1864～1909）教授的數學課很感興趣，但是大部分的課程內容都僅觸及古典觀念，所以愛因斯坦常常缺課。考試的時候，大多仰仗好友格羅斯曼（Marcel Grossmann，1878～1936）的筆記來應付。格羅斯曼後來成為數學家，在愛因斯坦完成廣義相對論的過程中，他扮演共同研究者的角色。

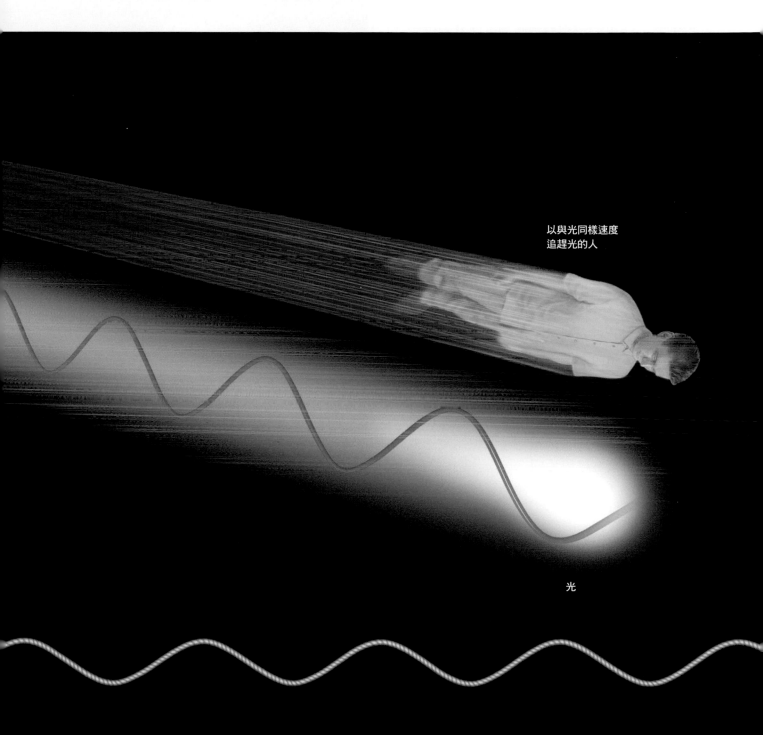

以與光同樣速度追趕光的人

光

愛因斯坦自學當時的最尖端物理學

雖然大學時期的愛因斯坦很少正常上課，但是他以自學的方式學會當時最尖端領域——馬克士威（1831～1879）的電磁學。

長久以來都被視為不同現象的電學和磁學，一直到邁入19世紀才被發現它們之間具有極密切的關係。藉由法國物理學家安培（André-Marie Ampère，1775～1836）和英國化學家暨物理學家法拉第（Michael Faraday，1791～1867）等人的研究，逐漸揭露電與磁的關係。而以一個方程式將之予以統整的人就是馬克士威。

馬克士威使用這個在1864年完成的方程式，闡明電場和磁場連環就好像波一般地向前推進，他將這樣的波命名為「電磁波」。由於藉著理論計算求出電磁波的速度與當時已經測得的光速值一樣都是每秒約30萬公里，據此，馬克士威得出**光是一種電磁波**的結論。愛因斯坦在後來也曾表示：**「狹義相對論是因為有馬克士威方程式才得以完成，馬克士威方程式也因為狹義相對論而獲得令人滿意的解釋。」**

1888年，馬克士威的理論因著德國物理學家赫茲（德語：Heinrich Rudolf Hertz，1857～1894）的實驗而獲得證明。赫茲在實驗中促使電磁波產生，發現該現象與馬克士威理論所推導出來之結果相同。

愛因斯坦除了自學馬克士威的電磁學之外，他在學生時期也閱讀與奧地利物理學家馬赫（德語：Ernst Mach，1838～1916）之力學相關的書籍，並受其影響甚鉅。英國的物理學家牛頓（1642～1727）則認為宇宙中存在做為所有物體配置、運動等之基準的空間，而「慣性定律」只在該空間成立。在馬赫的著作中也曾批評過牛頓這樣的想法。而愛因斯坦在後來也曾說：**「牛頓的想法撼動了物理學最終基礎的信仰，對學生時期的我帶來莫大的影響。」**

馬克士威

光為電和磁所形成的波

隨著19世紀電磁學的發展，物理學家們闡明電場與磁場有密不可分的關係，馬克士威建構出能將電和磁予以統整說明的馬克士威方程式。同相振盪且互相垂直的電場與磁場，在空間中以波的形式傳遞能量和動量，這就是電磁波。

真空中的電磁波速率（V），可從「真空磁導率（μ_0）」和「真空電容率（ε_0）」這兩個值來求出。μ_0的值約1.26×10^{-6} N/A²，ε_0的值約8.85×10^{-12} N/V²。從這些值求出之真空中的電磁波速率約為每秒30萬公里。由此可知，光是一種電磁波。

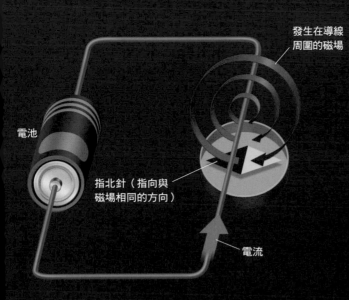

電池

發生在導線
周圍的磁場

指北針（指向與
磁場相同的方向）

電流

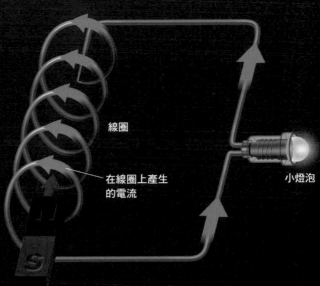

線圈

在線圈上產生
的電流

小燈泡

磁鐵（靠近線圈）

由電流產生磁場

在導線周圍的空間，產生相對於電流之行進方向成順時針旋轉的「磁場」。物質被外加磁場磁化而呈現磁性之容易程度稱為「磁導率（也稱導磁性）」（permeability），以「μ」表示（「磁化」是使物質中呈現一對對具有N極和S極的小磁鐵，而且這些小磁鐵排列整齊的作用）。

由變化著的磁場產生電場

將磁鐵往線圈（由導線所捲成）移動時，磁鐵周圍空間的磁場發生變化，因而線圈內的磁場隨時間變化，於是在線圈上產生「電場」，結果便如上圖所示，線圈上的電荷被這個電場驅動而產生電流。此現象稱為「電磁感應」（electromagnetic induction）。物質被外加電場極化成兩端帶電的容易程度稱為「電容率（或介電係數）」（permittivity）以「ε」表示。

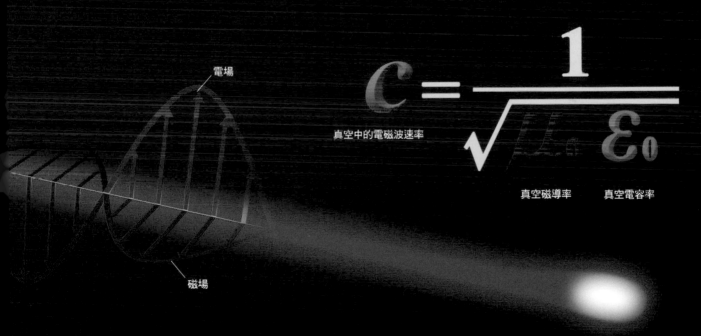

電場

$$c = \frac{1}{\sqrt{\mu_0 \varepsilon_0}}$$

真空中的電磁波速率

真空磁導率　　真空電容率

磁場

電磁波（光）

19世紀的物理學家相信有傳遞光的介質「乙太」存在

因著馬克士威的研究獲知光是一種電磁波,物理學家也認為光會像波般傳播。

所謂波是衝擊和振動往周圍傳播的現象。聲波在空氣中傳播,海浪在水中傳播。波的傳播需要有像空氣、水這類幫助其傳播的物質(介質)。19世紀的科學家認為**倘若光是波的話,那麼也必須要有幫助光傳播的物質,他們將這種想像的物質稱為「乙太」(ether)**。物理學家認為馬克士威方程式所計算出來的光速應該是相對於乙太的速度。

根據19世紀科學家的想法,由於遙遠恆星的光會傳到地球,因此宇宙空間必須充滿了乙太。此外,光也會在空氣中和水中行進,因此這些地方也必須充滿乙太。據說,愛因斯坦至少在1901年以前是相信有乙太存在的。據傳他在學生時期曾經思考過證明乙太存在的實驗。

「宇宙空間存在乙太」的想法在理論上有讓人無法理解的部分。根據馬克士威的理論,光是橫波。但是橫波僅能在像固體這類的堅固物質中傳播,而且橫波具有在愈堅硬的物質中,傳播速度愈快的性質。由於光的速度非常快,所以乙太必須是非常堅硬的物質才行。我們的空間中充滿了堅硬的物質,而我們卻毫無感覺,這不是太玄幻了嗎?儘管如此,當時的人還是堅信乙太這種物質應該是存在的。

地球繞著太陽公轉,倘若宇宙的空間中充滿乙太,就意味地球是在乙太中運動。那麼,這時候**地球究竟是一面拖曳著周遭的乙太行進呢?還是在完全靜止的乙太中運動呢?**有人提出這類與乙太相關的議題。

光行差的觀測與菲左實驗

地球在太空中行進時,是否一面拖曳著乙太一面行進呢?科學家為了追求該真相而進行了各種實驗和觀測,然而都未能得到結論。

愛因斯坦後來寫道:**「在建構狹義相對論時,影響我最大的就是與恆星光行差(stellar aberration)相關的觀測結果,以及菲左(Armand Hippolyte Louis Fizeau,1819～1896)與流水中之光速相關的實驗結果。」**

光行差是英國的天文學家布拉德雷(James Bradley,1693～1762)在1727年所發現的現象。在移動的火車或是汽車中觀察從正上方滴落的雨水,雨水看起來是斜斜地飄落的。由於地球在運動,伴隨著公轉運動等,我們也可以觀測到來自遙遠恆星的光也發生與前述相同的現象,該現象稱為光行差。

例如,站在地球上觀察來自

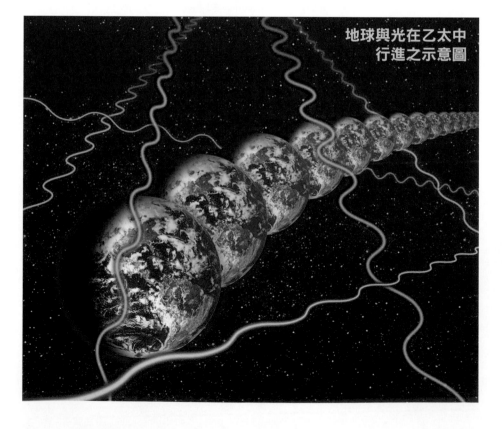

地球與光在乙太中行進之示意圖

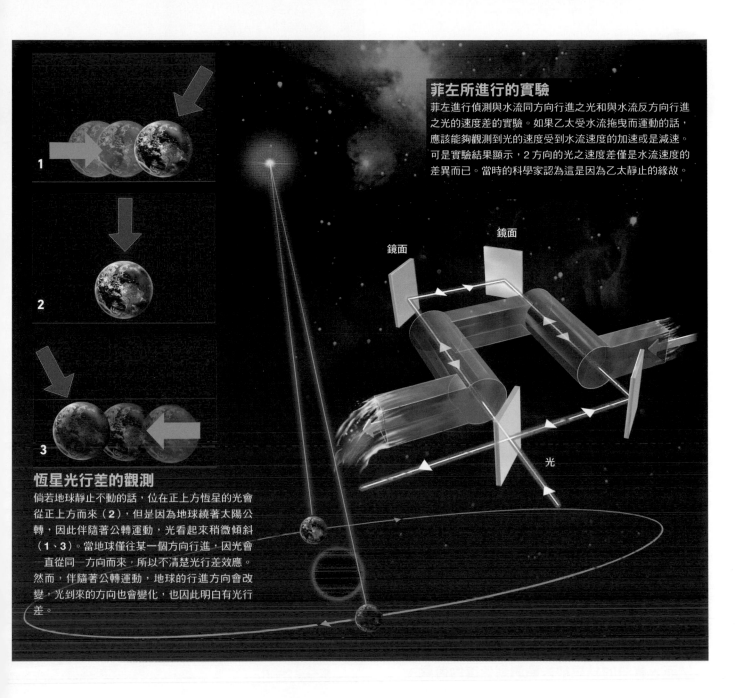

菲左所進行的實驗

菲左進行偵測與水流同方向行進之光和與水流反方向行進之光的速度差的實驗。如果乙太受水流拖曳而運動的話，應該能夠觀測到光的速度受到水流速度的加速或是減速。可是實驗結果顯示，2方向的光之速度差僅是水流速度的差異而已。當時的科學家認為這是因為乙太靜止的緣故。

鏡面

鏡面

光

恆星光行差的觀測

倘若地球靜止不動的話，位在正上方恆星的光會從正上方而來（2），但是因為地球繞著太陽公轉，因此伴隨著公轉運動，光看起來稍微傾斜（1、3）。當地球僅往某一個方向行進，因光會直從同一方向而來，所以不清楚光行差效應。然而，伴隨著公轉運動，地球的行進方向會改變，光到來的方向也會變化，也因此明白有光行差。

頭頂正上方之恆星的光，看起來果然是來自斜上方（上面插圖1）。經過半年，再觀察相同恆星的光，發現它來自與半年前相反方向的斜上方（上面的插圖3）。據此，獲知實際的光有光行差。

從光行差的觀測，得到地球不會拖曳乙太的結論。倘若地球是一面拖曳著乙太一面前進的話，被拖曳的乙太會使光的行進方向發生改變，光行差會有所變化。然而，觀測恆星發出的光，並未發現乙太效應。

有關水流中之光速的實驗，則是菲左在1853年進行的。菲左讓水流過管中，然後調查與水流同方向行進之光的速度，以及與水流反方向行進之光的速度。實驗調查的結果顯示，2方向之光的速度儘管有差，但也只是水流這部分的差異罷了。當時科學家認為乙太未被水流拉扯，呈現靜止狀態，因此減弱了水流所帶來的差異。

在光行差的觀測方面，得到不管是地球表面的乙太或是菲左實驗的水中乙太，都不會被拖曳拉扯的結果，科學家認為這是因為乙太不會受物體運動影響的關係。

認為光速會發生改變，然卻未見變化

從光行差的觀測和菲左實驗得到運動物體並不會拖曳乙太的結果。**倘若地球是在靜止的乙太中行進而不會拖曳著乙太的話，那麼應該可以從地球上觀測到像風一般的乙太。**由於光的速度是相對於乙太的速度，所以光的行進方向與乙太風的相對關係，在速度上會產生差異。

1887年，美國的物理學家邁克生（Albert Abraham Michelson，1852～1931）和莫立（Edward Williams Morley，1838～1923）**根據上述想法設計出一場實驗，欲測定乙太風對光速之影響。**他們所利用的是被鏡面反射往返的光。該實驗是讓行進方向與地球運動（公轉）方向相同的光，以及行進方向與地球運動方向垂直的光發生干涉，企圖偵測出受乙太風影響而應該產生的偏差。

地球大約以每秒30公里的速度繞著太陽公轉，該速度約是光速（每秒約30萬公里）的1萬分之1。在邁克生-莫立實驗（Michelson-Morley experiment）中，以非常高的精密度來進行，只要速度因光的行進方向而出現差異，應該就能偵測出來。

然而，**實驗的結果卻未觀測到速度的差異。**該結果使當時的科學家大為震驚，戮力想要找出能說明該結果的理論。荷蘭的物理學家勞侖茲（荷蘭語：Hendrik Antoon Lorentz，1853～1928）提出**物體相對於乙太運動時，該物體長度在行進方向產生物理性收縮的假說**，此即為**勞侖茲理論**。原日本東京大學專任講師和田純夫博士表示：「該理論認為物體運動，其電磁方面的定律本身產生變化，因著這樣的效應，原子間的靜電結合力發生改變，物體會真的收縮」。亦即其認為在邁克生-莫立實驗中，因著實驗裝置朝行進方向收縮，故未能發現光的速度有何差異。

小艇的抵達時刻因海水流向而有差異

性能相同的二艘小艇A和B競速（**1**）。2艘小艇的競速路線總距離相等，不過，A小艇從折返點回來時，海水流向與小艇朝終點行駛的方向相同，因此A小艇「去程」的速度變慢，「回程」的速度「變快」。另一方面，B小艇承受來自側向的海水流，因此不管是去程還是回程，速度都稍微變緩（**2**）。

2.
B小艇的速度

起點／終點

終點線

肉眼所見速度比原本的還要慢一點

眼見的速度方向

原本的速度方向

折返點

海水流速

光偵測器

抵達時刻出現差異

1.小艇競速與海水流向

起點／終點

終點線

A小艇

抵達終點線的時刻出現差異

海水流向

海水流向

B小艇

海水流向

折返點

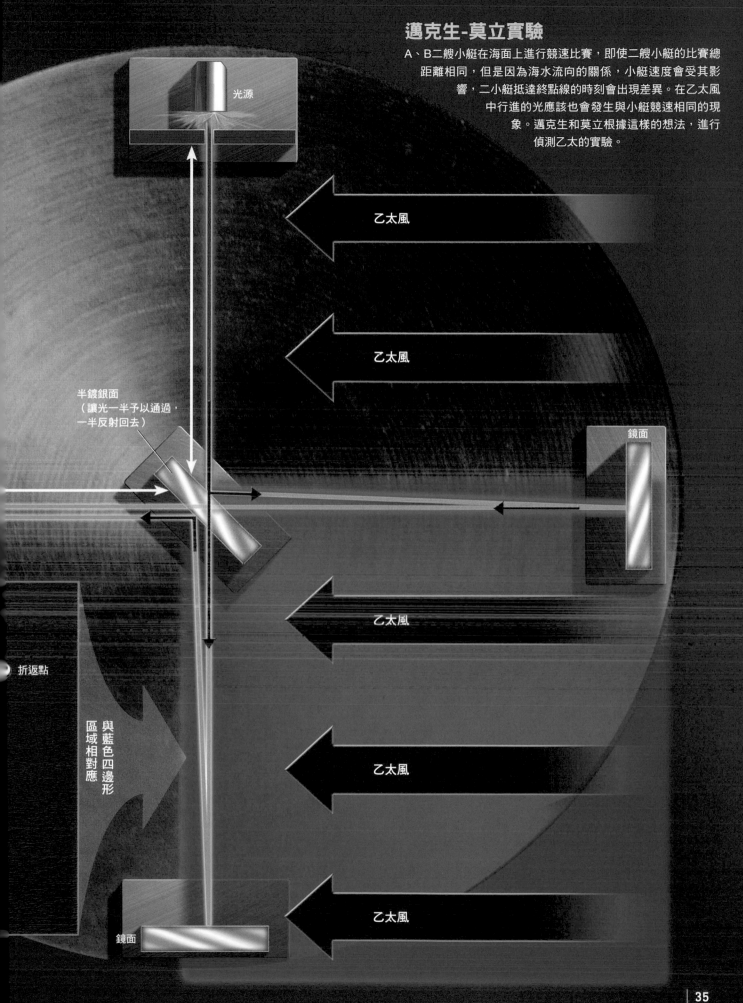

邁克生-莫立實驗

A、B二艘小艇在海面上進行競速比賽，即使二艘小艇的比賽總距離相同，但是因為海水流向的關係，小艇速度會受其影響，二小艇抵達終點線的時刻會出現差異。在乙太風中行進的光應該也會發生與小艇競速相同的現象。邁克生和莫立根據這樣的想法，進行偵測乙太的實驗。

光源

乙太風

乙太風

半鍍銀面
（讓光一半予以通過，
一半反射回去）

鏡面

乙太風

折返點

與藍色四邊形區域相對應

乙太風

乙太風

鏡面

以相對性原理和光速不變原理為基礎完成狹義相對論

在學界陸續提出各種與乙太相關的實驗結果和假說的情形下，1900年愛因斯坦大學畢業了。其後，愛因斯坦歷經一年多一面當臨時教師、家庭教師一面找工作的生活。後來，好友格羅斯曼的父親將他推薦給瑞士專利局的局長，因此愛因斯坦得以在專利局任職，也從不安的生活中獲得釋放。

愛因斯坦一直到1909年止都一面在專利局工作一面持續研究的工作，他的狹義相對論是在這期間的1905年發表的。**愛因斯坦的狹義相對論，其立論基礎就是本章所介紹的兩大原理 —— 相對性原理和光速不變原理。**

相對性原理的想法可以追溯到17世紀的伽利略。假設讓手中的石頭往下掉落，不管是在靜止不動的船上或是等速運動的船上，石頭都會落在腳邊。這是因為與物體落下相關的力學定律都一樣，所以發生的現象也一樣。等速運動的座標系稱為**「慣性參考系」**（也稱慣性座標系、慣性系）。伽利略認為：**「在慣性參考系中，所有的力學定律都不會改變」**，這就是**「伽利略的相對性原理」**。

與之相對的，愛因斯坦認為不僅是力學定律，就連電磁學也滿足相對性原理。愛因斯坦認為：**「在慣性參考系中，包括力學和電磁學在內，所有的物理定律皆不會改變」**，這就是**「愛因斯坦的相對性原理」**。和田純夫博士認為：「這就是狹義相對論的出發點。」

此外，愛因斯坦認為：「光速一直保持一定，該速度與光源的運動狀態無關。」和田博士說：「這意思是倘若馬克士威方程式正確無誤的話，那麼光速就是固定的物理常數。**從愛因斯坦的相對性原理來思考，無論什麼樣的基準，馬克士威方程式都成立。於是，不管以什麼樣的基準來看，光速都不會改變。」**

在船靜止的情形下讓手中的石頭往下掉落，則石頭會落在腳邊。

相對性原理

當船以等速行進時，假設讓手中的石頭往下掉落，不管是在靜止不動的船上或是等速運動的船上，石頭都會落在腳邊。這就表示力學定律不管是在靜止時或是等速運動時都不會改變（伽利略相對性原理）。愛因斯坦將該原理進一步擴充，認為所有的物理定律在靜止時和等速運動時都一樣，不會改變（愛因斯坦的相對性原理）。

光速不變原理

在以與光相同的速度追逐光的情形下，若從伽利略的相對性原理來思考，就會像左邊插圖般，光看起來就會凍結般靜止不動（插圖僅是示意圖）。但是愛因斯坦將光速固定不變當作原理，構築出新的理論。根據愛因斯坦的想法，不管以多麼接近光速的速度來追逐光，對該人來說，光看起來會像右邊插圖所示，仍以光速行進。

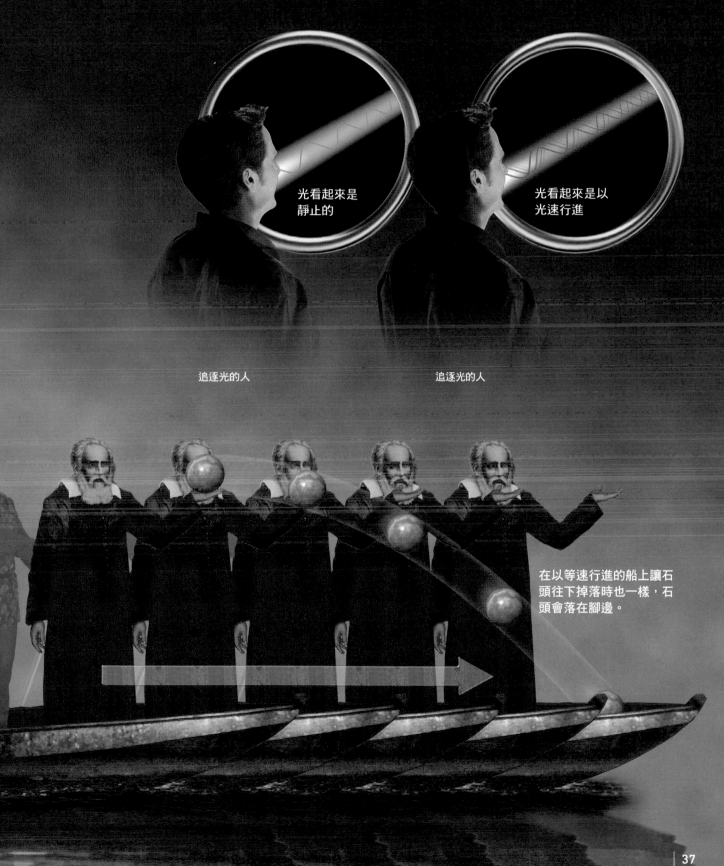

光看起來是靜止的

光看起來是以光速行進

追逐光的人

追逐光的人

在以等速行進的船上讓石頭往下掉落時也一樣，石頭會落在腳邊。

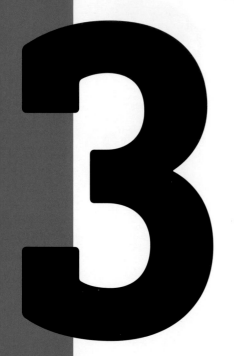

伸縮的
時空

你是否認為「1 秒」、「1 公尺」的長度，對每個人而言都一樣。顯示這樣的想法大錯特錯的，就是愛因斯坦所構築與時間和空間（時空）相關的物理學理論「狹義相對論」。在第 3 章中，將介紹時間進程和空間大小（長度）將因人而輕易變化。而理解這種神奇現象的關鍵，就是在第 2 章中介紹過的相對論立論基礎 ── 光速不變原理和相對性原理。下面，讓我們來認識顛覆傳統常識的時空神奇性質。

協助　松原隆彥／山下義行／和田純夫

在行駛列車中之人的時間進程變慢！

在一個科學技術非常發達的未來世界，**列車將以每秒約24萬公里（光速的80%）的猛烈速度行進**。鮑伯搭乘的列車（插圖下側）正停靠在車站。另一方面，愛麗絲搭乘的列車（插圖上側）正朝著頁面的右邊方向以每秒大約24萬公里的速度行進中。

根據「光速不變原理」，因為光的速度保持一定（每秒約30萬公里），所以**只要測量光所行進的距離，就能知道時間經過多久**。舉例來說，倘若光行進了30萬公里，那麼就是時間過去了1秒。

當兩列車橫向並排時，光從兩列車的地板往天花板方向筆直射出。利用這道光，讓我們來看看列車內的時間推移。

使用速度一定的光來測量時間

乘坐在下側列車中的鮑伯觀察自己列車內的光。光前進了與自己身高180公分相同的高度，**這對鮑伯而言，意味著時間經過了10億分之6秒（0.000000006秒）**。同時，鮑伯觀察對面列車中的光，因為光的速度一樣，表示光也行進了180公分。不過，**因為列車正往右移動，所以對鮑伯而言，對面列車內的光看起來是往右斜上方行進**。

然而，乘坐在對面列車中的愛麗絲隨著列車和光都往右行進，所以對愛麗絲而言，同列車內的光看起來是從地板朝正上方行進。這是因為從鮑伯和愛麗絲不同的立場，相同的物理法則都成立（以這裡的例子來說，從自己所乘坐之列車地板朝正上方發出的光，其後也會朝正上方前進）的「相對性原理」所造成。

愛麗絲經過的時間比鮑伯短！

各位想想看，當鮑伯經過了10億分6秒時，愛麗絲經過的時間是多少？從移動中的列車地板發出的光，從鮑伯的立場來看，只來到身高180公分之愛麗絲的腰部（距離地板108公分）。

再重複一次，從愛麗絲的立場來看的話，從自己列車地板發出的光，看起來是朝正上方行進。換句話說，就是光從地板發出，朝正上方行進了108公分。**這意味了愛麗絲的時間只經過了10億分之3.6秒（鮑伯的60%）。愛麗絲的時間進程（前進速度）慢到只有鮑伯的60%。**

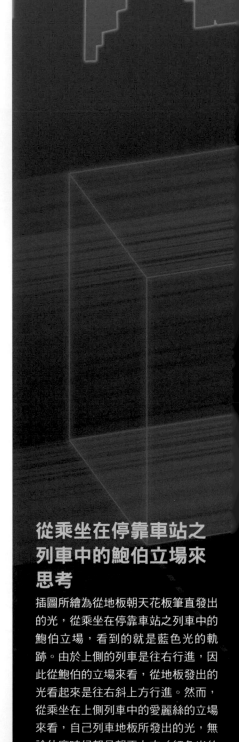

從乘坐在停靠車站之列車中的鮑伯立場來思考

插圖所繪為從地板朝天花板筆直發出的光，從乘坐在停靠車站之列車中的鮑伯立場，看到的就是藍色光的軌跡。由於上側的列車是往右行進，因此從鮑伯的立場來看，從地板發出的光看起來是往右斜上方行進。然而，從乘坐在上側列車中的愛麗絲的立場來看，自己列車地板所發出的光，無論什麼時候都是朝正上方（紅色光的軌跡）行進。

對分別乘坐在不同列車中的人而言，光行進的距離就是經過的時間。因此，愛麗絲所經過的時間（紅色光的軌跡）比鮑伯經過的時間（藍色光的軌跡）短，這意味了愛麗絲的時間進程較慢。

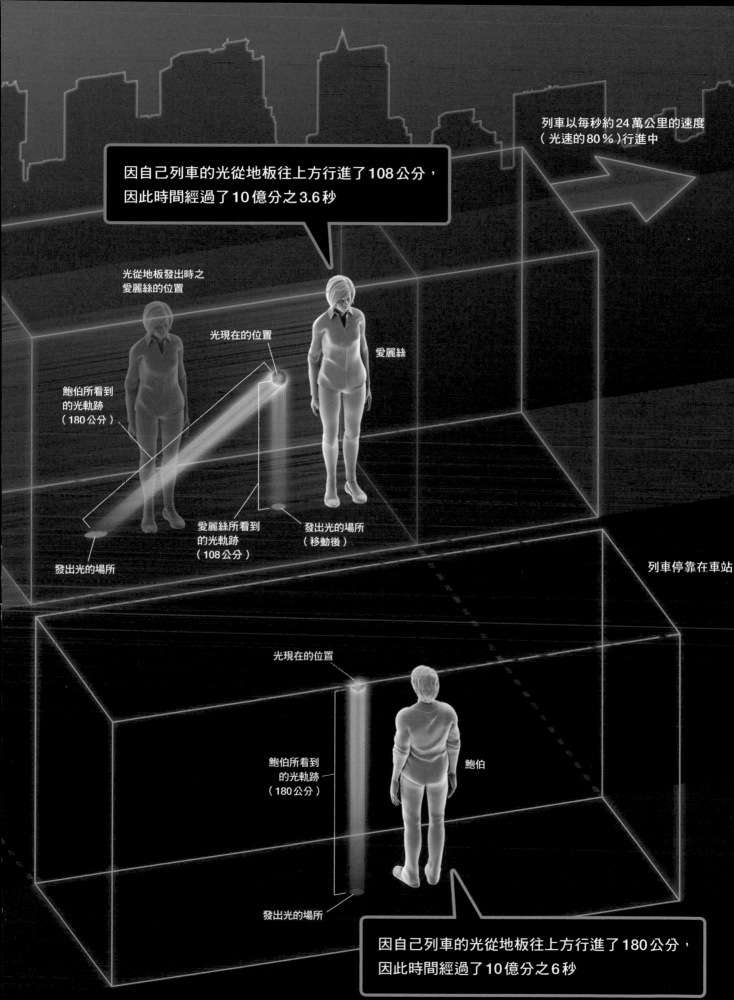

時間延緩的不是對方，而是己方！？

乘坐在行進列車中的愛麗絲是否知道（能夠自覺到）自己的時間進程變慢了呢？舉例來說，愛麗絲手裡拿的東西掉落時，其掉落速度是否會變緩，或是愛麗絲本身的動作是否會變慢呢？

事實上，**愛麗絲本身無法自覺到時間進程變慢了**。自己和列車內的物體運動都不會變緩慢。感覺「變慢」必須與「原來步調」互相比較才會知道。然而對愛麗絲而言，自己所在環境（列車內）的所有物體全部都變慢了，所以一切都沒有改變。

也許有人會說：「如果看列車外面的景物，以原本步調前進的鮑伯馬表為基準，愛麗絲應該就會知道時間變慢了吧！」事實上，「愛麗絲的時間進程比鮑伯慢」這件事，僅是從鮑伯的立場來看的情況。並非不管從誰的立場來看，愛麗絲的時間都變慢的絕對情況。而且，**從愛麗絲的立場來看，鮑伯這邊的時間進程也變慢了**。

從愛麗絲的立場來看，自己以外的所有物體都在運動

坐在行駛中的列車或汽車中往外看，會看到外面的景色往後方飛逝。同樣的，**從愛麗絲的立場來看，鮑伯所乘坐的列車以每秒約24萬公里的速度往（頁面）左邊移動**。那麼，哪一方移動，哪一方靜止，會因

為立場不同而很容易改變（相對性原理）。

使用從列車地板發出的光，想想像前頁這樣的時間經過。當愛麗絲確認到自己列車內的光從地板往上移動了180公分（經過了10億分之6秒）時，也明白鮑伯列車中的光才從地板往上移動了108公分（只經過10億分之3.6秒）（請參考右頁插圖）。

鮑伯和愛麗絲兩人都看到對方的時間進程變慢，這並不表示兩人中有一人錯了。根據構築在光速不變原理和相對性原理基礎上的相對論，**時間進程的快慢會因立場而異，是一種相對概念**。

時間延緩在平常就會發生

原理上，即使是些微的運動，都會產生相對論的時間延緩效應。舉例來說，你觀察行走中的朋友的手錶，應該會發現他的手錶秒針走得比你的秒針慢。

不過，在日常生活的速度範圍，因相對論的時間延緩效應極為些微，因此即使看手錶也無法確認時間的延緩。例如，即使我們搭乘飛機以每小時900公里（每秒0.25公里）的高速飛行，但是與地面上靜止的人相較，每秒也僅延緩10兆分之3秒（0.0000000000003秒）而已。

時間延緩的計算方法

V：列車的移動速度
T_B：鮑伯的經過時間
T_A：愛麗絲的經過時間
c：光速

鮑伯所看到的光軌跡（移動距離） $T_B \times c$

愛麗絲所看到的光軌跡（移動距離） $T_A \times c$

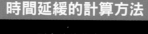

列車的移動距離 $T_B \times V$

前頁的插圖中，往右移動的列車內藍色光的軌跡（鮑伯所看到的光軌跡）、紅色光的軌跡（愛麗絲所看到的光軌跡）以及列車往右移動的距離，可以如上圖般以直角三角形來表示。使用「畢氏定理」來計算，可用下面式子求出鮑伯之時間經過與愛麗絲之時間經過的比（T_A/T_B）。

$$\frac{T_A}{T_B} = \sqrt{1 - \left(\frac{V}{c}\right)^2}$$

誠如前頁所述，列車以光速的80%移動時（$V = 0.8c$），根據計算求出愛麗絲的經過時間只有鮑伯經過時間的60%（$T_A/T_B = 0.6$）。

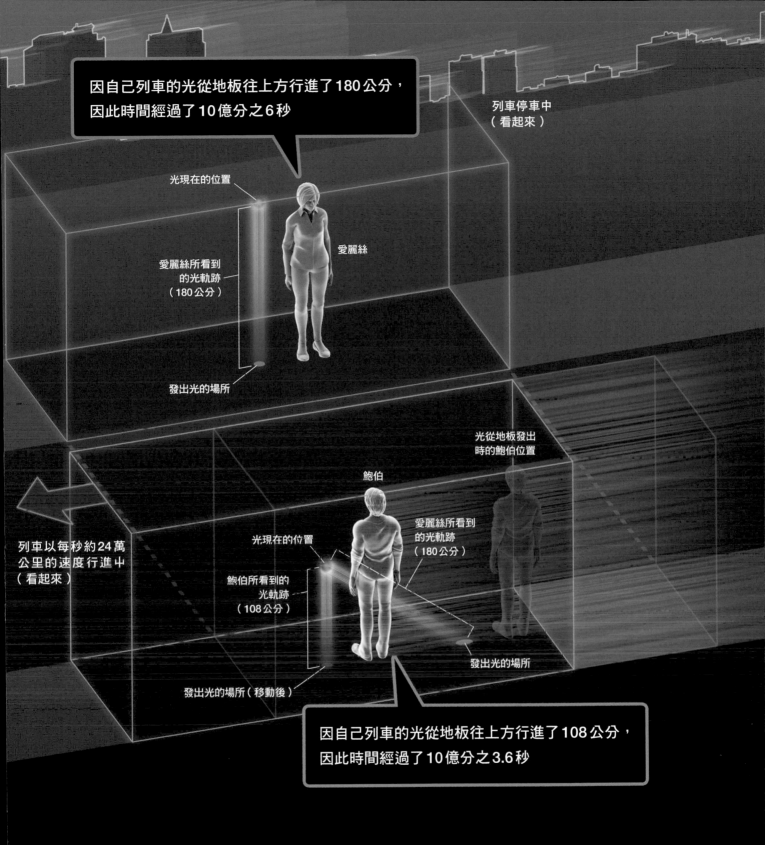

因自己列車的光從地板往上方行進了180公分，
因此時間經過了10億分之6秒

列車停車中
（看起來）

光現在的位置

愛麗絲

愛麗絲所看到
的光軌跡
（180公分）

發出光的場所

光從地板發出
時的鮑伯位置

鮑伯

愛麗絲所看到
的光軌跡
（180公分）

光現在的位置

鮑伯所看到的
光軌跡
（108公分）

發出光的場所

列車以每秒約24萬
公里的速度行進中
（看起來）

發出光的場所（移動後）

因自己列車的光從地板往上方行進了108公分，
因此時間經過了10億分之3.6秒

以乘坐在行駛列車中的愛麗絲立場來思考

以乘坐在上側列車中的愛麗絲立場來看，從列車地板往正上方發出的光，其軌跡就是插圖中所看到的紅色光軌跡。從愛麗絲來看，下側列車是以每秒約24萬公里（光速的80%）的速率往（頁面）左方移動，所以從下側列車的地板發出的光看起來是往（頁面）左斜上方行進。

從鮑伯的立場來思考時則相反，鮑伯的經過時間（藍色光軌跡）比愛麗絲的經過時間（紅色光軌跡）短，此意味了鮑伯的時間進程變得比愛麗絲慢。

一旦時間進程變慢是否就可能實現超光速呢？

接 下來，我們要介紹若基於相對論來思考，乍看下似乎有所矛盾的「列車與隧道」的思考實驗。通過該思考實驗，應該會對相對論有更深入的理解。

就像下面插圖所示，想像有一列以每秒24萬公里（速率為光速的80%）的列車通過全長24萬公里的隧道。**從靜立在隧道外面的鮑伯來看，列車通過隧道所花的時間是 1 秒（＝24萬公里÷秒速24萬公里）。**

然而，就像前面介紹過的，正在移動的人，時間會過得比靜止不動的人慢。在以光速之80%的速率行進的列車內，時

隧道（全長24萬公里）

以光速的80%（每秒約24萬公里）速度行進的列車

列車能以超光速通過隧道？

列車以每秒24萬公里的速度（約光速的80%）通過全長24萬公里的隧道。對站在隧道外面的鮑伯而言，列車通過隧道所花的時間是 1 秒（右頁下方的說話框）。坐在列車上面的愛麗絲的時間進程比靜立在隧道外的鮑伯慢（約鮑伯的60%），因此只花0.6秒就通過隧道（右頁上方的紅色說話框）。

有關本書中「看起來」這樣的表現用法

看見什麼東西是指某物體所發出的光抵達我們的眼睛。舉例來說，因為上面所提到的隧道長24萬公里，所以從隧道入口附近所發出的光被在出口附近的人看見（光抵達眼睛）花了 0.8秒的時間（＝24萬公里÷秒速30萬公里）。因為列車 1 秒鐘通過隧道，所以在隧道出口附近的人看到列車進入隧道後，經過0.2秒就看到列車從隧道出來了，這意味列車看起來在 0.2秒內就通過隧道了。

在本書中，基本上是將光抵達觀察者前的這段時間減去後來說明的。換句話說，是在不考慮觀察者之位置所造成的觀察差異下，來展開討論的。倘若將光抵達觀察者眼睛所花的時間納入考量的話，那麼高速運動的物體實際上看起來會是什麼樣的情形呢？請參考50頁的介紹。

間進程變慢為60%。因此，**對列車內的愛麗絲而言，通過隧道所花的時間是0.6秒。**

移動速度應該無法超越光，不過……

對愛麗絲而言，自己所乘坐的列車以0.6秒的時間通過全長24萬公里的隧道。**如果單純來**計算**此時列車的移動速度的話，會得到每秒40萬公里（＝24萬公里÷0.6秒）的結果。**

誠如第 2 章中介紹的，從光速不變原理可以推導出光速（每秒約30萬公里）是自然界的最高速度。所以上面的計算結果，列車的速度竟然比光速還要快（超光速），與光速不變原理互相矛盾。事實上，上面的論理是錯誤的，詳情讓我們在46頁中來討論。

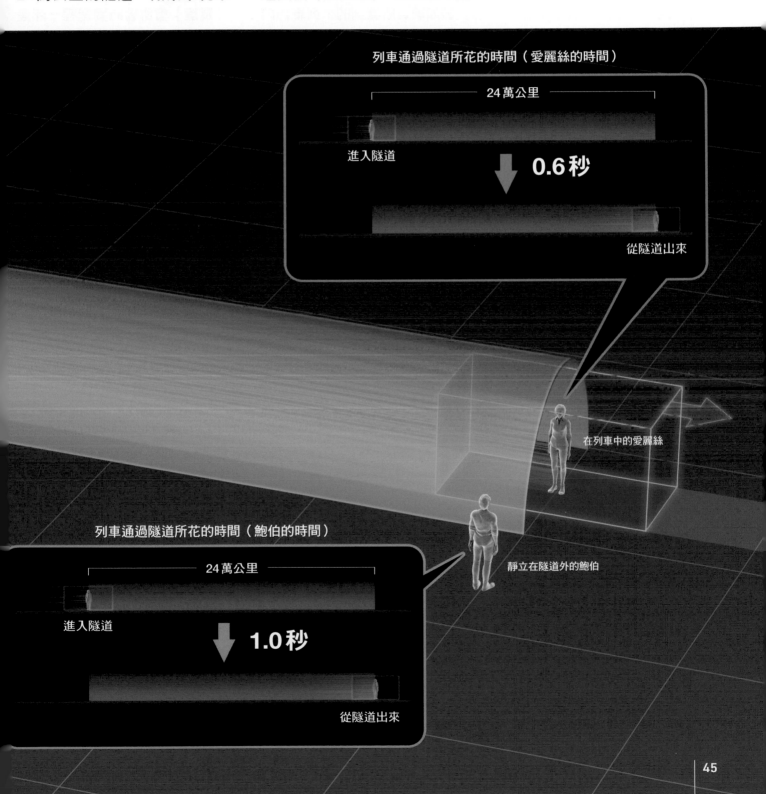

列車通過隧道所花的時間（愛麗絲的時間）

24萬公里

進入隧道

0.6秒

從隧道出來

在列車中的愛麗絲

列車通過隧道所花的時間（鮑伯的時間）

24萬公里

進入隧道

1.0秒

從隧道出來

靜立在隧道外的鮑伯

移動的物體皆沿行進方向收縮！

讓我們從乘坐在行進速度每秒24萬公里（約光速的80％）之列車中的愛麗絲立場來思考前頁的狀況吧！就坐在列車中的愛麗絲而言，她會認為自己是靜止的。**在她看來不是列車移動，穿過隧道，乃是隧道迎面而來讓列車通過**。此時，隧道應是以每秒24萬公里的速度，往頁面的左方（與列車的行進方向相反）移動。

誠如前頁所看到的，列車內的愛麗絲以0.6秒通過隧道。縱然假設不是列車，而是隧道在移動，那麼長24萬公里的隧道想要在0.6秒通過，隧道的移動速率必須是每秒40萬公里（＝24萬公里÷0.6秒）。這樣的結果與光速不變原理（光速是自然界的最高速度）相矛盾。

因為光速不變原理是相對論的基礎公設，是比什麼都優先的原理。因此，相對論認為**空間大小（長度）會跟著時間進程一起變化。**以這次的例子來說，我們可以想像成「**隧道的長度縮短至原**

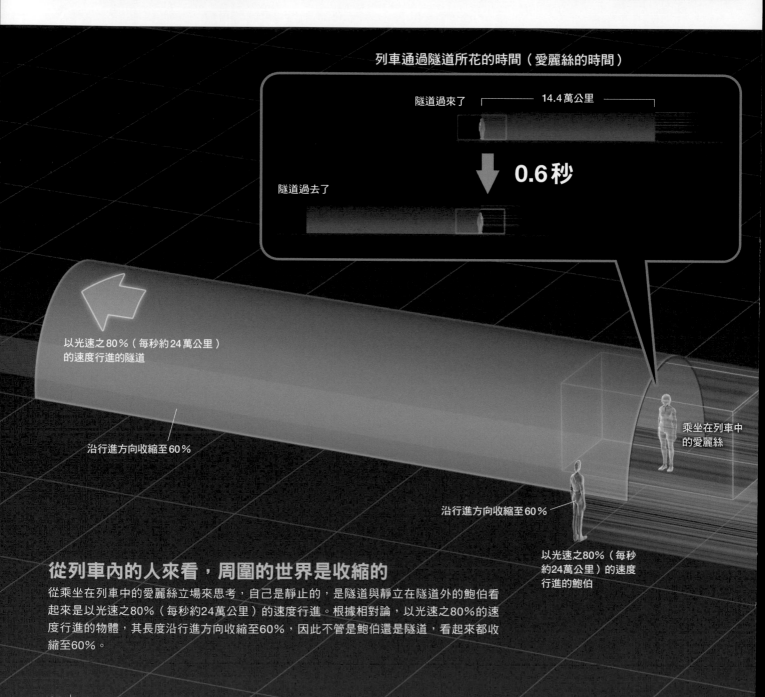

列車通過隧道所花的時間（愛麗絲的時間）

隧道過來了　　14.4萬公里

0.6秒

隧道過去了

以光速之80％（每秒約24萬公里）的速度行進的隧道

沿行進方向收縮至60％

乘坐在列車中的愛麗絲

沿行進方向收縮至60％

以光速之80％（每秒約24萬公里）的速度行進的鮑伯

從列車內的人來看，周圍的世界是收縮的

從乘坐在列車中的愛麗絲立場來思考，自己是靜止的，是隧道與靜立在隧道外的鮑伯看起來是以光速之80％（每秒約24萬公里）的速度行進。根據相對論，以光速之80％的速度行進的物體，其長度沿行進方向收縮至60％，因此不管是鮑伯還是隧道，看起來都收縮至60％。

來的60%」。

當隧道長度縮短至60％時，即為14.4萬公里（＝24萬公里×0.6）。14.4萬公里的隧道以0.6秒通過，其速度為每秒24萬公里（＝14.4萬公里÷0.6秒）。這與靜立在隧道外的鮑伯所看到的列車速度，以及通過所花的時間都是吻合的。

與物質硬度無關，只要運動，空間就會收縮

從列車內的愛麗絲立場來看，不僅是隧道，周圍的景色也都在移動，因此包括隧道在內的周圍所有景色（換言之就是列車外面世界的一切物體）都收縮。又，**收縮方向僅行進方向**。與行進方向垂直的方向不會收縮。而且，不管多麼堅硬的物質，都還是會跟著空間一起收縮。這樣的想法著實不可思議，但這是在窮究光速不變原理和相對性原理之後所得到的相對論結論。

在31頁以前的插畫中，皆未繪出空間和物體長度的收縮效應。不過，確實只要是移動的物體，就會往行進方向收縮。以每秒24萬公里（光速的80％）的速度移動的列車和列車中的人，都往行進方向收縮至只有原來的60％。

長度收縮的計算方法

以相對於觀測者之速度 V 運動之物體長度 L_A 與該物體靜止時之長度 L_B 的比（L_A / L_B）可利用下面式子求出。

$$\frac{L_A}{L_B} = \sqrt{1-\left(\frac{V}{c}\right)^2}$$

可自覺空間收縮嗎？

就跟前面所說的一樣，我們無法自覺時間進程變慢，原理上，我們也無法自覺空間的收縮。想要知道長度變化，必須要有能作為長度基準的東西（尺），但是相對論所說的空間收縮，是空間和空間中的所有東西都收縮，連長度基準（尺）也跟著收縮。如此一來，應該就無法確認是否收縮了。

另外，因為連空間也跟著收縮，因此物體不會被壓縮而密度（單位體積的質量）提高。因此，位在該空間中的人也不會感覺自己被壓縮了。就在現在這一瞬間，從以近光速在宇宙中穿梭的粒子立場來看地球，儘管地球收縮，但因為我們跟著地球一起收縮，因此不會感覺到我們跟地球都在收縮。

而就跟時間的延緩一樣，互相看起來都是在移動的對方收縮。空間的大小也跟時間進程的速率一樣，是會因立場而發生改變的相對概念。

列車可以收納在長度比列車短的車庫中嗎？

這裡再介紹一個乍看矛盾的思考實驗。假設這裡有長度100公尺的列車與長度60公尺的車庫。根據一般的想法，列車沒有辦法收納在比自己短的車庫中。但是倘若列車以飛快速度進入車庫的話，根據相對論的說法，列車的全長縮短了，似乎就能收納在車庫中了？

根據相對論，以光速之80%（每秒約24萬公里）的速率前進，沿行進方向的長度會收縮至60%。從位在車庫外面的鮑伯立場來看，**若列車以每秒約24萬公里的速率進入車庫的話，列車長度收縮至60公尺，雖然僅是瞬間，不過卻是能收納在車庫中**（左頁插圖）。

但是從列車內的愛麗絲立場來看該狀況，自己是靜止的，車庫以每秒約24萬公里的速率移動。於是，**車庫長度收縮至**

能否收納在車庫中因立場而異

插圖所繪為從靜立列車外面的鮑伯立場（左頁）以及在列車裡面的愛麗絲立場（右頁），來觀察長度比車庫長的列車（右圖）以光速之80%的速度進入車庫的情形。

從鮑伯的立場來看，因為列車縮短至60%，所以剛好可以收納在車庫中。但是從人在列車中的愛麗絲立場來看，車庫（及周圍一切物體）是收縮的，所以列車完全無法收納在車庫中。這是依運動狀態掌握時間的時機（將什麼視為同時刻的基準）不同所產生的現象。

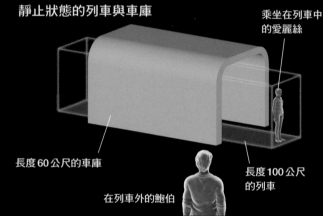

靜止狀態的列車與車庫

乘坐在列車中的愛麗絲

長度60公尺的車庫

在列車外的鮑伯

長度100公尺的列車

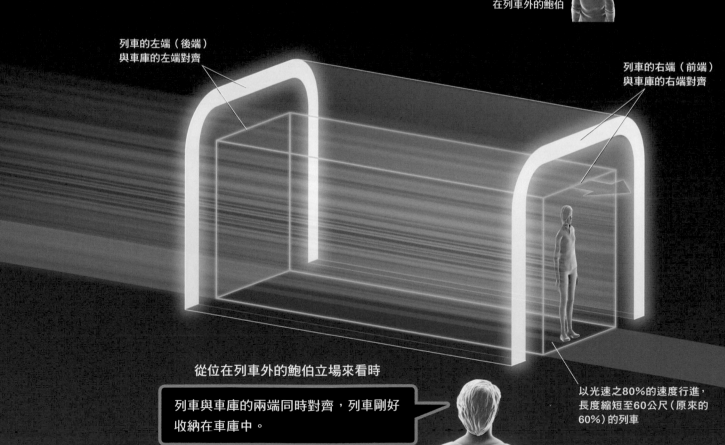

列車的左端（後端）與車庫的左端對齊

列車的右端（前端）與車庫的右端對齊

從位在列車外的鮑伯立場來看時

列車與車庫的兩端同時對齊，列車剛好收納在車庫中。

以光速之80%的速度行進，長度縮短至60公尺（原來的60%）的列車

60%，變成36公尺，當然長度100公尺的列車，就無法收納在車庫中（右頁插圖）。從鮑伯的立場看，可以收納，然而從愛麗絲立場看則無法收納。難道這樣的結果沒有互相矛盾的地方嗎？

「某事同時發生」是理解的關鍵

列車是否可以收納到比自己短的車庫中，可分為「列車與車庫的右端對齊」和「列車與車庫的左端對齊」二個檢查點來思考。

從鮑伯來看，列車與車庫的右端，而且列車與車庫的左端同時對齊。換句話說，列車收納在車庫中了。然而，從人在列車內的愛麗絲的立場來看，就像下面插圖所示一般，列車與車庫的兩端並未同時對齊，列車未收納在車庫中。

根據相對論，**鮑伯與愛麗絲對於時間的掌握並不相同，因此「某事是否同時發生」才會產生差異**。這就是對「是否收納在車庫中」，結論不同的原因。這在時間和空間伸縮的相對論世界，絕對沒有矛盾。

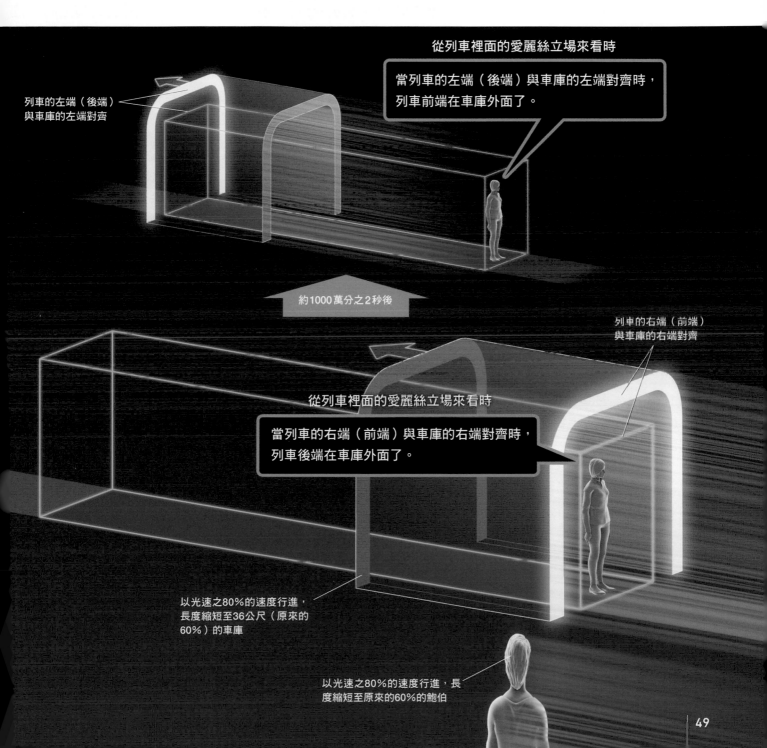

列車的左端（後端）與車庫的左端對齊

從列車裡面的愛麗絲立場來看時

當列車的左端（後端）與車庫的左端對齊時，列車前端在車庫外面了。

約1000萬分之2秒後

列車的右端（前端）與車庫的右端對齊

從列車裡面的愛麗絲立場來看時

當列車的右端（前端）與車庫的右端對齊時，列車後端在車庫外面了。

以光速之80%的速度行進，長度縮短至36公尺（原來的60%）的車庫

以光速之80%的速度行進，長度縮短至原來的60%的鮑伯

49

高速移動的物體不僅會收縮，還會旋轉、變紅？

在此之前，我們已經介紹過「移動物體看起來會收縮」。然而事實上，高速移動的物體看起來並不是這麼單純。右頁圖像是車子以光速之10%的速度（每秒約3萬公里）以及車子以光速之80%的速度（每秒約24萬公里）通過眼前時，我們所見到的情況會是怎樣的模擬情形。

在光速的10%中，看不到明顯的變化。然而當速度提高至光速的80%時，車子不僅看起來長度縮短，**連車尾原本無法看到的面也能看到，車子的顏色看起來也變成紅色的了。**

同時出現變藍效應和變紅效應

根據相對論的說法，時間和空間的收縮會隨著物體的移動速度逐漸接近光速而突然變得明顯，比較兩張位在B位置（從正側面）的圖像就能明白。速度是光速的10%時，長度幾乎沒有收縮（約是原來的99.5%），可是當速度達光速的80%時，長度縮短至原來的60%。

當速度達光速的80%時，在B位置通常應該無法看到的車後面竟然也能看見了。所謂「看見」就是從某場所發出的光抵達眼睛的視網膜。與從近處發出的光相較，從遠方發出的光必須花更長的時間才能抵達眼睛。從遠處發出的光與從較近處發出的光同時抵達我們的眼睛。換句話說，我們在某瞬間所看到的景色是由不同場所，不同時期所發出不同的光所構成的。

在B（光速的80%）所看到的車子後面是較側面稍早前發出的光所造成的。從車子後面發出的光本來被車子本身遮蔽，無法抵達我們的眼睛（無法看到）。**然而因為車子以光速之80%的速度行進，因此從後面發出的光在被遮蔽之前，車子已經移動了，所以光能夠抵達我們的眼睛。而車子前進時，從側面發出的光和稍早從後面發出的光同時抵達我們的眼睛**（看起來是同一景色）。結果，看起來好像車子在旋轉。

此外，在速度為光速之80%的情況下，車子顏色一下子變成藍色（A的位置）、一下子變成紅色（B和C的位置）。物體一面移動一面發出光的話，光的波長（顏色）看起來就發生變化，此稱為「都卜勒效應」（Doppler effect）。

通常，逐漸往己方接近的物體所發出的光，因都卜勒效應的關係波長變短（顏色變藍）。相反地，逐漸遠離己方的物體所發出的光波長會變長（顏色變紅）。另一方面，**移動速度越快，根據相對論時間進程會變慢，光波振動頻率變慢（波長變長，顏色變紅）。**因為這些效應的組合，移動物體的顏色出現變化。

以接近光速的速度行駛時，可以看見應該無法看到的面

使用電腦模擬以光速之10%及80%速度行駛之汽車（車高約2公尺）由左至右行經眼前時，攝影機追蹤攝影的情形。汽車與攝影機的位置關係如下圖所示。右頁所示為汽車行經A、B、C各地點時的瞬間圖像。

光速的10%，該速度已達每秒約3萬公里（時速約1億公里），因此汽車瞬間即通過眼前。因為速度實在太快，以人類的眼睛無法辨識。右邊圖像是設定利用間隔時間比1億分之1秒還要短的超高速攝影機拍攝到的。

從上往下俯視車子與攝影機的位置關係

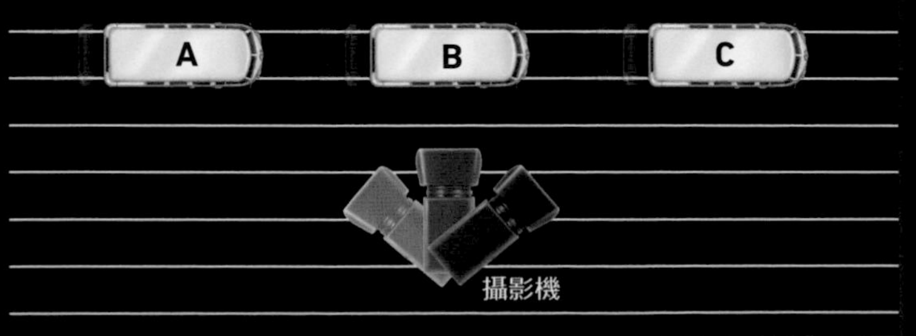

A　　B　　C

攝影機

以光速之10％速度行駛時

A（光速的10％）

C（光速的10％）

B（光速的10％）

長度約縮至99.5％

以光速之80％速度行駛時

A（光速的80％）

顏色變成藍色

C（光速的80％）

顏色變成紅色

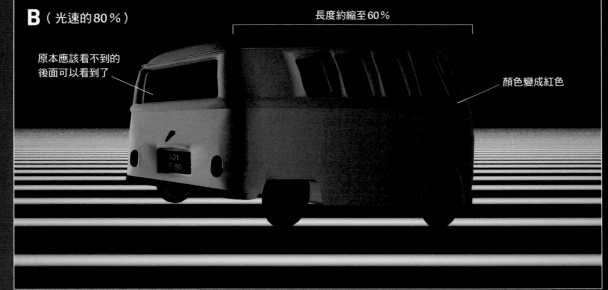

B（光速的80％）

長度約縮至60％

原本應該看不到的
後面可以看到了

顏色變成紅色

歷經一整年的思考，突然有一天，疑惑解開了！

愛因斯坦根據「相對性原理」和「光速不變原理」推導出狹義相對論。然而，這兩個原理看起來似乎是互相矛盾的。事實上，對於此點，愛因斯坦自己也相當苦惱。

靜立在地上的人觀察從時速50公里的車中往前方投出時速50公里的球時，球的速度看起來是二個速度相加（50公里＋50公里＝100公里）。但是，在納入光速不變原理之後，無論光源以多快的速度移動，光的速度都不會是二者速度相加（光源速度＋光的速度）。從光源發出的光，其速度與光源速度無關，看起來都是固定的。

「根據馬克士威方程式，光速是固定的。然而，若光速是固定的，就無法與速度合成定律相容了」── 當思索這二者是否存在矛盾時，據說愛因斯坦感覺自己面臨到極大的困難。雖然他持續思考了一年之久，但仍然找不到答案。

愛因斯坦當時與摯友貝索（義大利語：Michele Angelo Besso，1873～1955）常針對與物理學相關的各種議題進行討論。貝索是他學生時期就結交的好友，從1904年底就與愛因斯坦一樣在專利局工作。在學生時期推薦愛因斯坦閱讀馬赫著作的人正是貝索。

1905年春的某日，愛因斯坦感覺到困惑多時的疑問似乎看到解決的曙光，他將自己的想法跟貝索討論。他們放下工作討論了

一整天，最終還是沒找出答案。

但是，據說愛因斯坦隔天早晨醒來時，**「答案突然從腦中冒出來，大惑全解」**。愛因斯坦感謝的對貝索說：「這下，問題真的

完全解決了！」經過 5 週後的1905 年 6 月，愛因斯坦完成以**「論運動物體（動體）的電動力學」為題的狹義相對論論文。**

愛因斯坦

1905

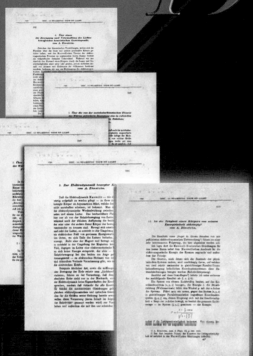

愛因斯坦在「奇蹟年」1905 年所發表的不朽論文

愛因斯坦在1905年所發表的5篇論文，至今每一篇都還是獲得極高的評價。其中「光電效應」、「布朗運動理論」（On the Theory of Brownian Motion）以及「狹義相對論（包括$E＝mc^2$）」被稱為「三大成就」。

1905年3月論文「光量子假說」　　　　　　　Annalen der Physik,17,132-148（1905）
倡議將光視為粒子的「光量子假說」，充分解釋了「光電效應」這種現象的機制。該假說成為量子力學的基礎，是他榮獲諾貝爾獎的理由。

1905年4月論文「分子大小的新測定法」　　　　　　　　　　學位論文
內容論及從溶液的黏性和亞佛加厥常數（$6.02×10^{23}$個，物質1莫耳中的分子數），可以求出溶液中所含分子的大小。此為愛因斯坦的博士論文。

1905年5月論文「布朗運動的理論」　　Annalen der Physik,17, 549-560（1905）
在理論中主張：19世紀發現的「布朗運動」（液體中之微粒子的不規則運動），是水分子和微粒子碰撞所產生的。此論述成為分子和原子確實存在的證據。

1905年6月論文「狹義相對論」　　　　　Annalen der Physik,17,891-921（1905）
在光速不變的前提下，他導出：時間和空間並非絕對的，會因為觀察者與被觀察者的相對運動而有所變化，也就是會隨觀察者的座標系而異。這部分在後面的內容中，我們將會有所討論。

1905年9月論文「$E=mc^2$」　　　　　　　Annalen der physik, 18, 639-641（1905）
作為6月論文《狹義相對論》的重要結論之一，導出「其實質量和能量是相同的東西」（質能等效原理）。

愛因斯坦的一生

愛因斯坦年譜	
1879年	出生於德國小鎮烏爾姆（Ulm）。
1896年	取得瑞士聯邦理工大學的入學資格。
1900年	從瑞士聯邦理工大學畢業。
1902年	任職於伯恩的專利局。
1905年	發表「光量子假說」（光電效應）、「分子大小的新測定法」、「布朗運動理論」、「狹義相對論」、「$E＝mc^2$」5篇名垂科學史的論文。
1906年	獲頒蘇黎世大學的博士學位。
1907年	發現「質能等效原理」（mass-energy equivalence principle）。
1909年	以蘇黎世大學副教授的身分開始任教。
1912年	成為瑞士聯邦理工大學的教授。
1913年	成為德國柏林大學的教授。
1915年	從這年至翌年的1916年發表廣義相對論，並發表決定宇宙構造的「愛因斯坦方程式」（Einstein equations）。
1917年	撰寫宇宙論的第一篇論文。在愛因斯坦方程式中導入「宇宙項」（cosmological constant term）。
1919年	因為英國的觀察隊觀測到行經太陽附近的光出現彎曲的現象，證實廣義相對論的預言是正確的，愛因斯坦因此而成為舉世皆知的名人。
1922年	訪問日本。在前往日本途中，收到榮獲1921年度諾貝爾物理學獎的電報。
1927年	與丹麥的物理學家波耳（Niels Henrik David Bohr，1885～1962）間，展開與量子力學相關的論戰。
1931年	因哈伯在1929年發現宇宙膨脹的證據，因此取消「宇宙項」。
1933年	納粹政府鎮壓猶太人，愛因斯坦逃亡美國，成為普林斯頓高等研究院的教授。
1939年	在受到納粹脅迫的背景之下，他成為致美國總統開發原子彈的建言書中的署名人。
（1945年）	（美國在日本投下2顆原子彈，第二次世界大戰結束）
1946年	開始參加提倡縮減軍備和成立世界政府聯合國的活動。
1954年	執筆（共同著作）最後的論文。
1955年	4月，與哲學家羅素共同發表廢核武宣言。同月的18日因心臟病過世，享年76歲。

愛因斯坦認為光的速度固定，時間和空間會變化

愛因斯坦腦海中突然的靈機一動，指的是什麼呢？這就是**有關「時間與空間」的顛覆性想法**。根據其構想，就算是沒有先前科學家們深信存在的乙太，也能說明各種現象。

在愛因斯坦以前的物理學認為時間的行進方式（進程）和空間長度都是固定不變的，與運動的狀態沒有關係，不管觀察者位在何處都是一樣的，速度可以用「距離÷時間」來求得。假設時間與距離（空間）是固定不變的，那麼根據時間與距離的關係，光的速度就會發生變化。

因此，愛因斯坦反過來推想，倘若光的速度固定不變，那麼時間與空間的關係該如何決定呢？這就是他後來推導出來的**光的速度不變，時間和空間會相對性的發生變化**。對某人而言的1秒、1公尺與對別人而言的1秒、1公尺，並非距離相同的間隔。這樣一來，愛因斯坦就消弭了相對性原理和光速不變原理間的矛盾。

因著上述的想法，愛因斯坦在古典的計算式中加入了變更，從加入變更的計算式推導出超脫日常感覺，令人感覺十分奇妙的現象。這就是「**從靜止的人來看，高速運動物體的**時鐘看起來變慢了。同樣地，從靜止的人來看運動的物體，運動物體的長度看起來往運動方向收縮了。」

不過，上述效應在速度愈接近光速時愈顯著，對我們的日常生活幾乎沒有影響。舉例來說，即使運動速度每小時180公里（秒速約50公尺），但是與光速（每秒30萬公里）相較，僅是光速的600萬分之1，因此幾乎看不到狹義相對論效應。

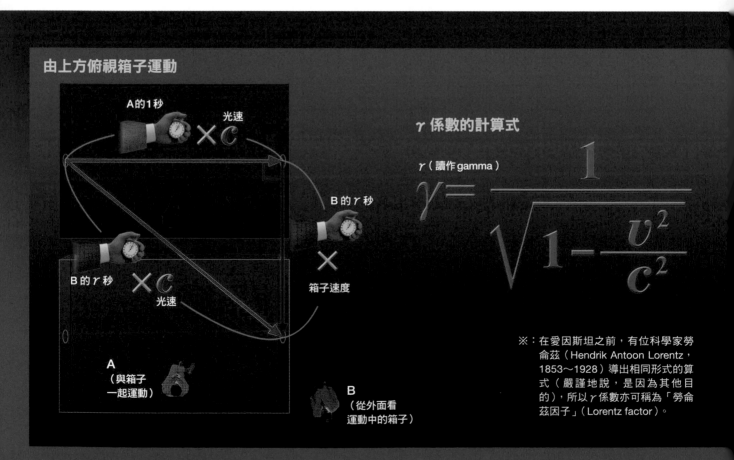

由上方俯視箱子運動

A的1秒 ×c 光速

B的γ秒

B的γ秒 ×c 光速

× 箱子速度

A（與箱子一起運動）

B（從外面看運動中的箱子）

γ係數的計算式

γ（讀作gamma）

$$\gamma = \frac{1}{\sqrt{1 - \dfrac{v^2}{c^2}}}$$

※：在愛因斯坦之前，有位科學家勞侖茲（Hendrik Antoon Lorentz，1853～1928）導出相同形式的算式（嚴謹地說，是因為其他目的），所以γ係數亦可稱為「勞侖茲因子」（Lorentz factor）。

何謂「時間延遲」？

光在巨大的箱中來回。讓我們把事情簡單化來看，假設箱子的橫寬為15萬公里（來回一趟30萬公里）。對靜坐在箱中的 A 而言，如果光 1 秒鐘行進30萬公里的話，那麼光在箱中來回一趟的時間就是 1 秒。另一方面，就位在箱外的 B 來看，箱子高速地往身前方向運動而來。從左壁發出的光，在到達右壁之前，由於箱子往前方行進，因此 B 所見到的光線行進路線是斜的，也因此光在箱中來回一趟的行進距離比30萬公里還要長。如果對 B 而言，光 1 秒鐘的前進距離也是30公里的話，則光在箱中來回一趟所花的時間（亦即 A 的 1 秒），就 B 來看，比 1 秒還要長。

就像這樣，如果假定對任何人而言，光速是一定的，則會得到「1 秒的長度會因觀察者的座標系而異」的奇妙結論。這就是狹義相對論所得到的結論，也就是時間延遲。至於延遲程度為何（稱為「γ 係數」的計算式）可以從左頁的三角圖，使用畢氏定理推導出來。

使用 γ 係數能夠計算的不僅是時間的延遲。從靜止的座標系來看，以速度 v 運動之座標系的「長度」和「光的能量」會成什麼樣的變化呢？皆可使用 γ 係數計算出來（「長度」的算式如下圖，「能量」的算式請參考106頁）。

B
（從外面看運動的箱子）

A
（與箱子一起運動）

「運動座標系中的計時器」跟靜止座標系的計時器相較

靜止座標系之計時器走過的「時間」

以速度 v 運動之計時器走過的「時間」
（時間延長為 γ 倍）

「運動座標系中的直尺」跟靜止座標系的直尺相較

※：僅行進方向的長度收縮

靜止座標系中之直尺的「長度」

以速度 v 運動之座標系中的直尺「長度」
（行進方向的長度縮短為 γ 分之 1）

狹義相對論與牛頓的萬有引力理論有衝突

狹義相對論的論文被刊登在知名的論文雜誌《物理學報》（Annalen der Physik）上後，愛因斯坦以為「論文上了知名雜誌，應該馬上就會受到舉世矚目」。豈知，發表過一段時間後還是沒有得到任何反應，愛因斯坦感到十分沮喪。

首位意識到狹義相對論價值的是德國知名的物理學家普朗克（Max Karl Ernst Ludwig Planck，1858～1947）。1906年，普朗克給愛因斯坦寫了信，信中提了幾個問題。該年夏天，普朗克的助理勞厄（Max von Laue，1879～1960）來拜訪愛因斯坦。勞厄就是後來發現「X射線的繞射現象」的物理學家。不管是普朗克還是勞厄都在課堂上介紹狹義相對論，也進行了相關的研究。就這樣漸漸在學界推展開來，其他的物理學家也將狹義相對論當作研究對象。

在研究狹義相對論的物理學家中，有位進行非常重要研究的人物，他就是愛因斯坦在蘇黎世聯邦理工學院就學時的數學老師閔考斯基。**「閔考斯基認為狹義相對論的本質就是將時間與空間視為一體的『時空』概念」**（和田博士）。

愛因斯坦本人在當時認為對相對論而言，閔考斯基的想法是「多此一舉」。可是後來在建構廣義相對論時，他卻以閔考斯基的想法為基礎來發想。

在這期間，愛因斯坦謀求本校助教的職位不成，最後只能在專利局任職。他曾經懷疑狹義相對論是否能發展下去，原因是**狹義相對論與牛頓的萬有引力理論有衝突**。「在牛頓的理論中認為具質量的物體，其引力（重力）是瞬間傳遞的。但是狹義相對論認為所有信息的傳遞速度都不可能超越光速。狹義相對論從一開始就與牛頓的萬有引力定律有矛盾」（和田博士）。愛因斯坦究竟是如何來解決這個問題的呢？我們在第4章會有詳細介紹。

閔考斯基的時空圖

「閔考斯基圖」（Minkowski diagram）是以光速為基準的時空圖，在此圖中，光的行進軌跡以傾斜45度的圓錐來表示，此稱為「光錐」（light cone）。與現在相關的事件不會超過光錐的範圍。又，插圖中的汽車和火箭的軌跡斜率都是一種誇張的表現。當將光軌跡的斜率設定為45度時，汽車和火箭的軌跡就會變得近乎垂直。

閔考斯基

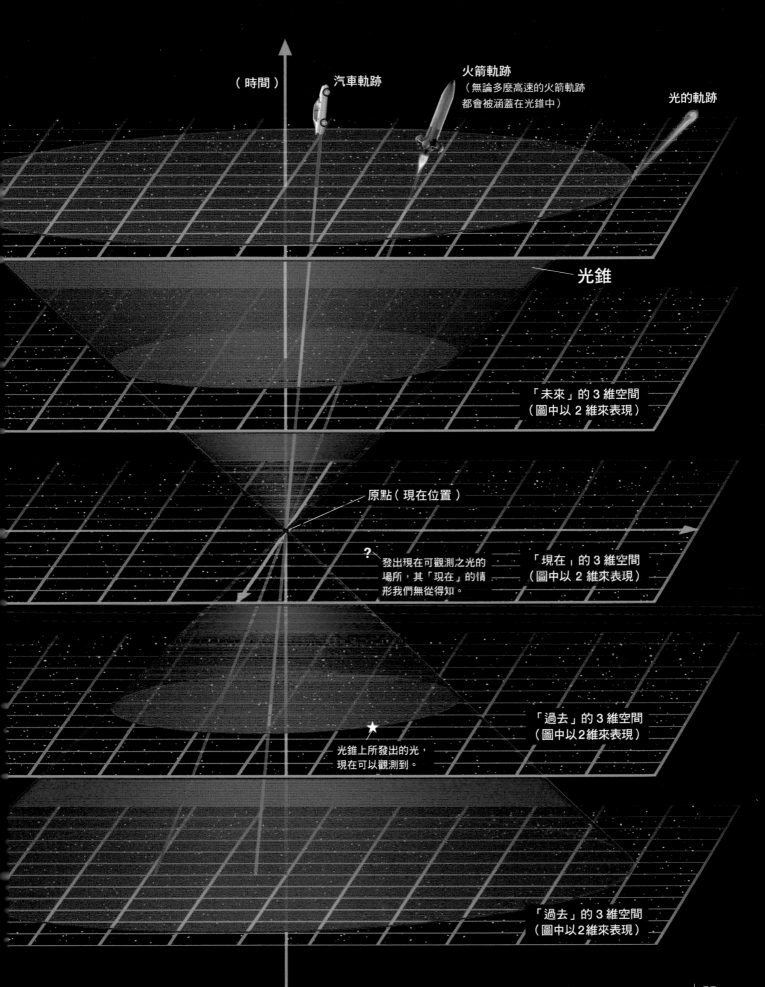

（時間）

汽車軌跡

火箭軌跡
（無論多麼高速的火箭軌跡
都會被涵蓋在光錐中）

光的軌跡

光錐

「未來」的 3 維空間
（圖中以 2 維來表現）

原點（現在位置）

? 發出現在可觀測之光的
場所，其「現在」的情
形我們無從得知。

「現在」的 3 維空間
（圖中以 2 維來表現）

「過去」的 3 維空間
（圖中以 2 維來表現）

光錐上所發出的光，
現在可以觀測到。

「過去」的 3 維空間
（圖中以 2 維來表現）

根據相對論的 速度加法

當我們看到從以每小時60公里的速度行駛的卡車中投出時速120公里的球時，常識上就會簡單的將卡車速度和球速相加，知道迎面而來的這顆快速球時速是180公里。這樣的速度加法稱為「伽利略速度合成定律」，是根據「伽利略的相對性原理」而來的。

不過，這樣的常識與光速保持一定的「光速不變原理」是無法同時成立的。這是因為倘若單純的速度相加可以成立的話，那麼勢必發生超越光速（每秒約30萬公里）的狀況。

因此，愛因斯坦為了讓光速不變原理和我們與速度相關的常識得以同時成立，修正了速度的相加方式，就是右邊的計算式。

在日常範圍裡，將速度單純相加的結果與使用愛因斯坦所提議之計算式相加的結果幾乎都一致（**1**）。然而，當速度愈接近光速（*c*），與單純相加的差異愈明確。即使是單純速度相加結果超越光速的情況，若使用愛因斯坦的計算式來計算的話，速度一定都不會達到光速（**2**）。此外，不管光是從何等高速的物體中發出，經計算（將 *c* 代入 *u*），其速度永遠都是光速（**3**）。

單純的速度加法

$$V = v + u$$

愛因斯坦的速度加法

$$V = \frac{v + u}{1 + \dfrac{v \times u}{c^2}}$$

V：從外部看到的球（小型火箭、光）的速度
v：從外部看到的卡車（大型火箭）的速度
u：從卡車（大型火箭）看到的球（小型火箭、光）的速度
c：真空中的光速

⊚ 真正的速度加法是「非常識」的

插圖所示為從外界靜立觀測者的立場所看到，從行駛卡車上面投球器投出的球，以及從火箭發射出的小型火箭或光的速度。根據相對論，不管再怎麼加速，物體的速度都不會超越光速。而光速不論觀測者處於什麼樣的立場，永遠都是每秒約30萬公里（光速 *c*）。

※：太空船的速度越快，從地上所看到的太空船時間進程變得越慢，同時太空船在行進方向縮短程度越大。又，從身處高速行進之太空船內部的人來看，相反地，地球看起來好像以相同的速度移動。因此，從太空船來看，地球的時間進程變慢，而且看起來收縮了（空間收縮）。

1.

投球器

球

卡車

從以每小時60km（v）速度行駛的卡車上發射出時速120km（u）的球

若以單純的速度加法計算的話

$$V = 60 + 120 = 180$$

球速為每小時180公里？

若以狹義相對論的速度加法計算的話

$$V = \dfrac{60 + 120}{1 + \dfrac{60 \times 120}{(1079252848.8)^2}}$$

換算成時速的光速

$$= 179.999\cdots$$

球速為每小時179.999……公里

外部靜立的觀測者

2.

大型火箭

小型火箭

從以光速之0.6倍（v）速度前進的大型火箭發射出以光速之0.6倍（u）行進的小型火箭

若以單純的速度加法計算的話

$$V = 0.6c + 0.6c = 1.2c$$

小型火箭的速度為光速的1.2倍？

若以狹義相對論的速度加法計算的話

$$V = \dfrac{0.6c + 0.6c}{1 + \dfrac{0.6c \times 0.6c}{c^2}}$$

$$\fallingdotseq 0.88c$$

小型火箭的速度約為光速的0.88倍

外部靜立的觀測者

3.

大型火箭

光

從以光速之0.6倍（v）速度前進的大型火箭發射出以光速（u）行進的光

若以單純的速度加法計算的話

$$V = 0.6c + c = 1.6c$$

光的速度為光速的1.6倍？

若以狹義相對論的速度加法計算的話

$$V = \dfrac{0.6c + c}{1 + \dfrac{0.6c \times c}{c^2}}$$

$$= c$$

光的速度維持光速不變

外部靜立的觀測者

從「時間圖」看交織的時間與空間

根據狹義相對論，對於某人而言，「距離現在位置遙遠處所發生的事」（空間上之相距所發生的事），對其他人而言，可以成為是「未來或過去發生的事」（時間上之相距發生的事）。

換言之，空間的距離和時間的距離會因為觀察者的狀況（運動速度）而「角色交換」，這就是兩者被視為一體，稱為「時空」的原因。

時空圖中「同一時間」位於何處？

因為稍微有一點複雜，讓我們慢慢地如下進行理論的展開。右頁的圖是靜止在太空船外的鮑伯所見到的，依時間的經過將太空船中的情形由下往上排列，像這樣的圖稱為「時空圖」。

橫軸對鮑伯而言是空間軸，縱軸對鮑伯而言是時間軸。空間軸也有對鮑伯而言表示是同一時間（時刻 0）的線。與空間軸平行的虛線也表示是對鮑伯而言為同一時間（時刻 1～時刻 3）。

另一方面，在太空船中有光源，光源往左右放光（時刻 0），在與光源左右相等距離處有光檢測器。根據光速不變原理不論從任何立場觀察光，光皆以相同速度行進，因此就太空船外的鮑伯來看，左右的光以固定的速度行進。但是，由於太空船往右行進，所以右邊的光檢測器好像要逃離光般行進，而左邊的光檢測器則宛如追逐光一般的前進。結果，光首先抵達左邊的光檢測器（時刻 1），然後再到達右邊的檢測器（時刻 3）。

那麼，位在太空船內的愛麗絲所看到的又是什麼樣的景象呢？根據光速不變原理，對愛麗絲而言，光不管是往左或往右皆以固定的速度行進，且「光抵達左邊檢測器」和「光抵達右邊檢測器」應該是同時發生的。換句話說，連接這二件事，也就是時空圖中的斜線（粉紅色虛線），就是對愛麗絲而言為同一時間的線。

更進一步地說，發生於該斜線上的所有事件，對愛麗絲而言是同一時間的事件。讓我們將對愛麗絲而言的這個時刻當做「現在」來思考吧！位在該斜線右上之延長線上的事件（圖上的星號），對愛麗絲而言是距離現在非常遙遠（空間上的距離）所發生的事。

但是對位在太空船外的鮑伯而言，越往右上方走，時間是在未來（時間上的距離）發生的事件（為對鮑伯而言的時間軸，更未來側＜上方＞的事件）。換言之，因為觀察者的立場，「遙遠」可以置換為「未來」，這就是在前面一開頭就說時間與空間是交織在一起的。

⊘ 時空圖（以太空船外鮑伯的視點為中心描繪）

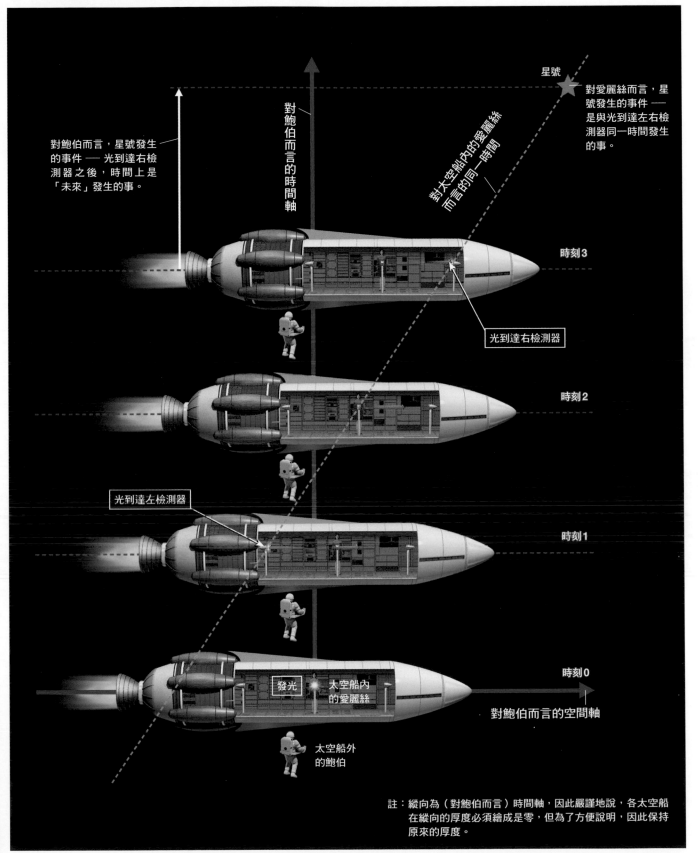

對鮑伯而言的時間軸

星號

對愛麗絲而言，星號發生的事件 —— 是與光到達左右檢測器同一時間發生的事。

對鮑伯而言，星號發生的事件 —— 光到達右檢測器之後，時間上是「未來」發生的事。

對太空船內的愛麗絲而言的同一時間

時刻 3

光到達右檢測器

時刻 2

光到達左檢測器

時刻 1

時刻 0

發光　太空船內的愛麗絲

對鮑伯而言的空間軸

太空船外的鮑伯

註：縱向為（對鮑伯而言）時間軸，因此嚴謹地說，各太空船在縱向的厚度必須繪成是零，但為了方便說明，因此保持原來的厚度。

61

彎曲的時空

天體的運動取決於重力，若說「宇宙受重力所支配」也不為過。然而事實上，第3章中所介紹的狹義相對論是無法處理重力的。將重力納入狹義相對論中，而能夠處理更一般狀況下的時間和空間的就是「廣義相對論」。

根據廣義相對論獲知重力的本質就是「時空的彎曲」。現在，讓我們進入朝完全性理論更邁進一步的廣義相對論世界吧！

協助　佐藤勝彦／和田純夫

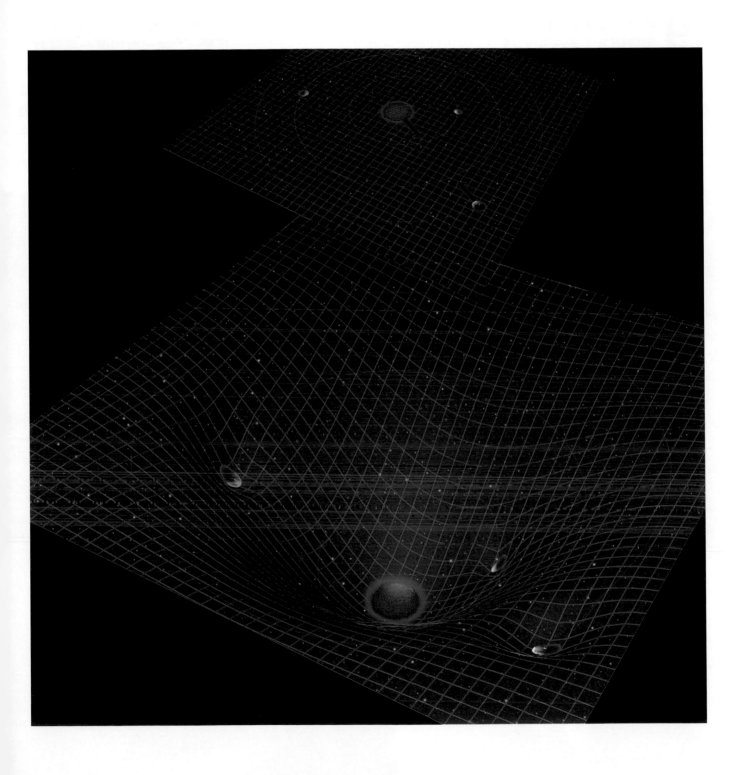

重力是會消失的！

1907年，愛因斯坦想到一個自認為「畢生中最棒的靈感」的劃時代構想，就是「在往下墜落之箱中的人感覺不到重力」。在墜落箱中（**1a**）跟在未受重力的太空船中（**1b**），就本質而言，同樣都是處於無重力狀態。現在，讓我們好好來思索這件事的意義。

各位請想想搭乘升降電梯時的情形吧！當電梯急速上升（向上加速）時，應該會有身體似乎變重、重力變大的感覺；相反地，當下行的升降電梯加速時，應該會有身體變輕，重力瞬間減少的感覺。**「從一面加速一面運動的場所來觀察，在與加速方向相反的方向會有出現一種名為『慣性力』（inertial force）的假想力（視覺上的力）」**，這是根據牛頓力學來說明重力的增減。上升

重力與加速時施加在物體上的慣性力是無法區別的

加速時，在與加速方向相反的方向會有慣性力。根據廣義相對論的說法，慣性力與重力無法區別，因此，「究竟是往下墜落（**1a**）或是處於無重力空間（**1b**）」、「究竟是處於有重力空間（**2a**）或是在沒有重力的空間中加速（**2b**）」是無法區別的。

1a. 朝地面墜落的狀態 （無重力狀態※）

※：所謂「無重力狀態」通常會被誤解是處於沒有重力（萬有引力）施於其上的狀態，因此也常常會用「無重量狀態」來稱呼。

慣性力與重力抵消

慣性力

0

重力

加速方向

1b. 在宇宙空間中處於靜止的狀態 （無重力狀態）

時，在下降方向；下降時在上升方向會有慣性力，在外觀上看來就是重力的增減。即使是在無重力的空間，只要太空船加速，因為慣性力的關係，就產生了視覺上的重力（**2b**）。

另外，之所以採用「視覺上」這樣的表現方式，乃因為牛頓力學並未將慣性力視為「真實的力」。如果從太空船內部來看插圖**2b**的狀況，雖然地板不動，但從外面看，地板是一面加速一面前進。換句話說，從外部來看，僅是地板將裡面的人往上面推，而不存在慣性力。**慣性力會因觀測場所的不同，時而出現、時而消失。**

慣性力與重力無法區別

然而，愛因斯坦的想法跟牛頓不同，他認為**「慣性力與重力是相同的」**，這樣的想法稱之為「等效原理」（equivalence principle），這是廣義相對論的基礎。重力與慣性力是「等效」（等價，相同價值）的。愛因斯坦並未將慣性力當做視覺上的力予以差別對待。

在此，讓我們回到本文一開始愛因斯坦的想法吧！往下墜落的箱子因為是朝向地面行加速度運動，所以若從箱子內部來看的話，會有朝上的慣性力（**1a**）。**若慣性力與重力等效的話，在墜落的箱中，兩者完全抵消，就本質而言就是重力消失了！**

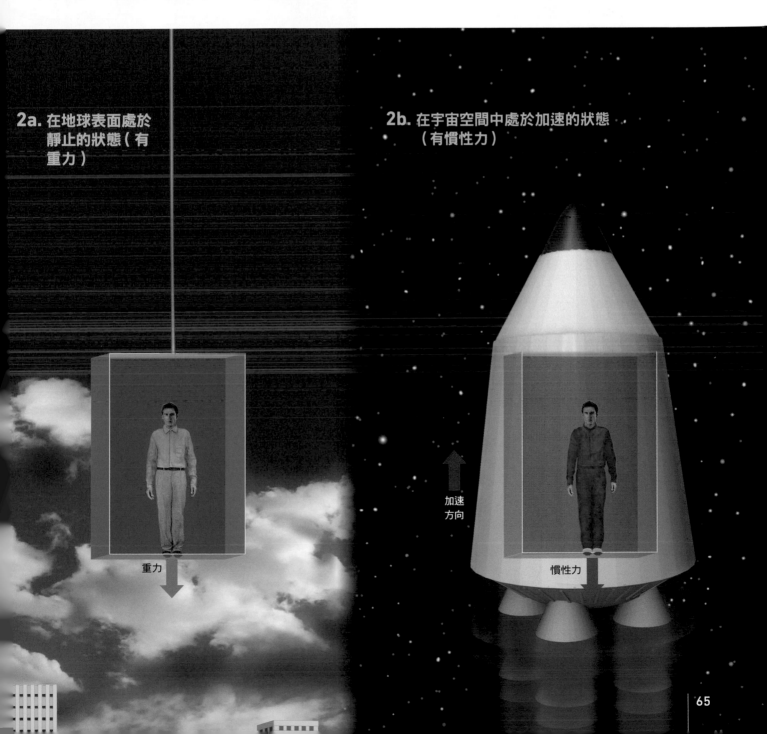

2a. 在地球表面處於靜止的狀態（有重力）

重力

2b. 在宇宙空間中處於加速的狀態（有慣性力）

加速方向

慣性力

光往重力場中墜落而彎曲！

現在，讓我們貼近前頁所介紹「等效原理」的核心來了解一下吧！倘若能夠忽略空氣阻力的話，**所有物體不管它們的質量如何，都會按一定的規律（pace）下落**（伽利略的自由落體定律）。假設在往下掉落之箱中的人旁邊有一顆蘋果。由於人和蘋果會以完全相同的速度往下掉，所以從箱中之人的立場來看，蘋果沒有移動，一直在相同位置上。

那麼，如果將蘋果往旁邊推的話，會發生什麼情形呢？從地面上的人來看，蘋果會呈拋物線運動。但是從箱中之人的立場來看，因為自己也在往下掉落，所以看起來就是從蘋果的運動中減去重力所造成之自由落體的量（「拋物線運動－自由落體運動＝等速直線運動」）。於是，箱中之人看到的蘋果軌跡就是完全以相同的速度移動（等速直線運動）。

不管是在往下掉落的箱中，或是沒有重力的慣性參考系中，物體和光的運動方式也不會改變

像這樣，重力不因物體的質量，所有物體都會以相同的加速度運動（自由落體運動）往下掉落，因此，**不管是在下落的箱中還是沒有重力影響的太空船中，都是完全相同的狀況。**換句話說，**往下掉落的箱中與「無重力影響的慣性參考系」可視為等同。**根據等效原理，往下掉落的箱中與狹義相對論之「守備範圍」的慣性參考系（靜止的場所或是行等速直線運動的場所）看起來都沒有改變。

在此雖僅著眼於物體的運動，然而根據愛因斯坦的相對性原理，在所有慣性參考系中的物理定律也成立。於是，**在往下掉落的箱中，所有物理定律應該全都與無重力影響之慣性參考系一樣成立。**這裡所說的所有物理定律也包括決定光之行進方式的定律，這就是等效原理的核心。從這個想法推導出令人驚訝的結果：**光會受到重力的影響而彎曲！**跟蘋果一樣，從往下掉落的箱中看為筆直行進的光，從地面看卻是宛若往下掉落一般。

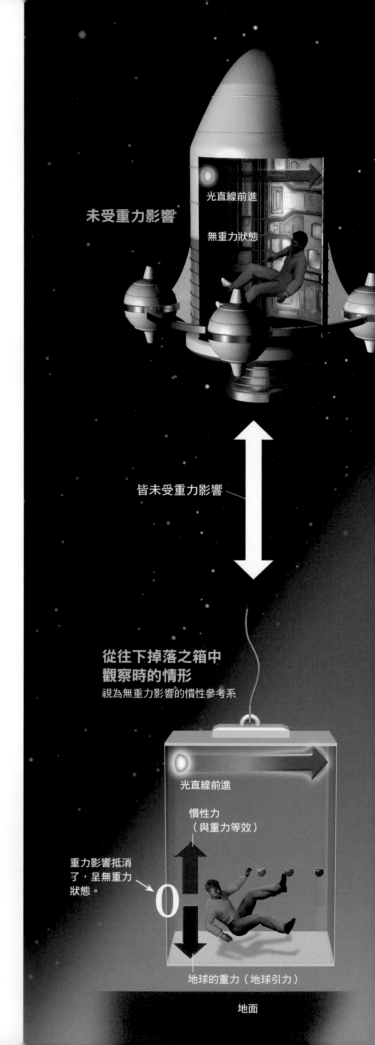

未受重力影響

光直線前進

無重力狀態

皆未受重力影響

從往下掉落之箱中觀察時的情形
視為無重力影響的慣性參考系

光直線前進

慣性力
（與重力等效）

重力影響抵消了，呈無重力狀態。

0

地球的重力（地球引力）

地面

從地面觀察往下掉落之箱中的情形
重力並未消失。

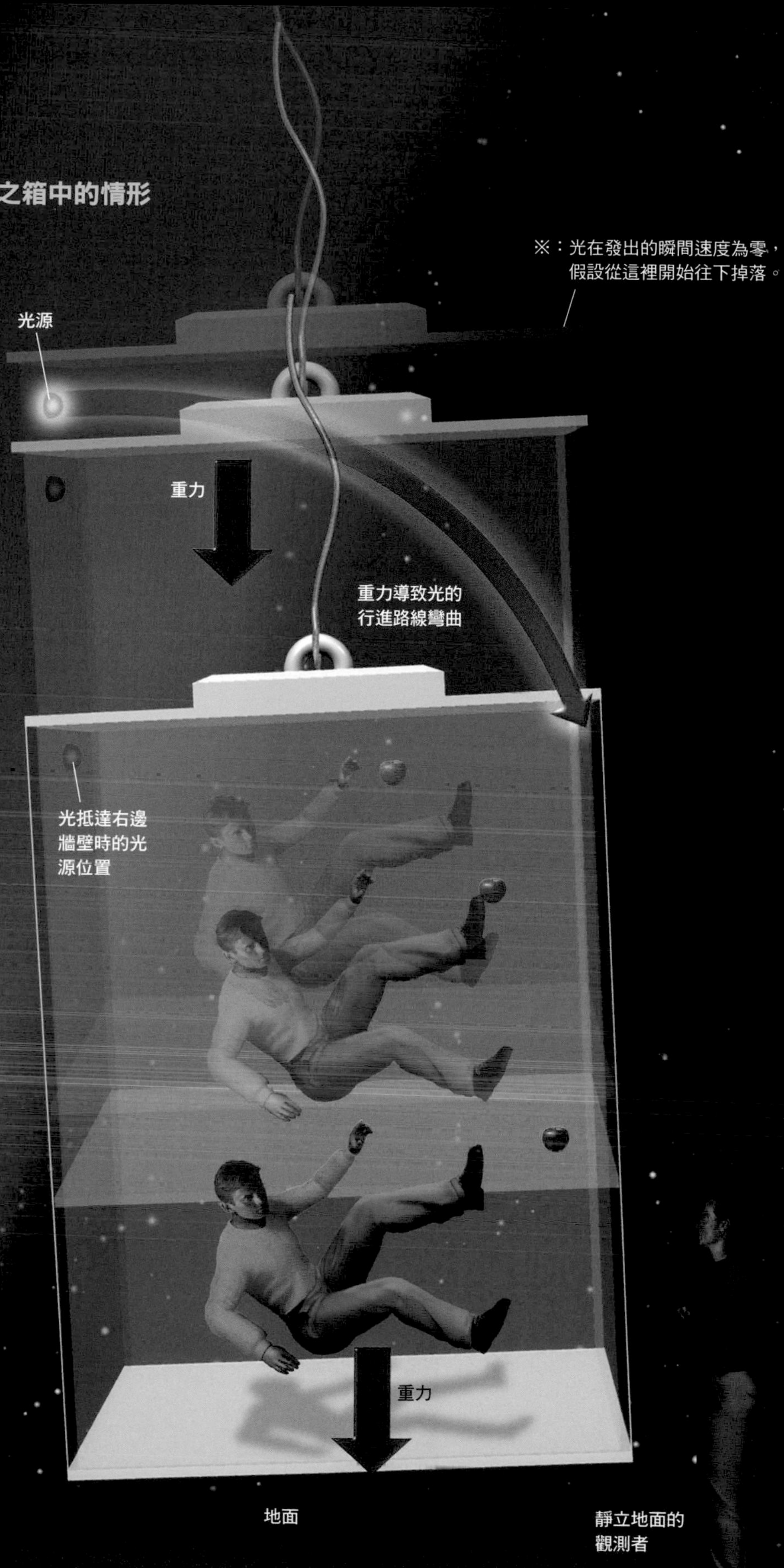

光源

※：光在發出的瞬間速度為零，
　　假設從這裡開始往下掉落。

重力

重力導致光的
行進路線彎曲

光抵達右邊
牆壁時的光
源位置

重力

地面

靜立地面的
觀測者

註：插圖中，光線的大幅彎曲是一種誇張的表現方式。

受無法完全抵消之重力影響 ── 空間彎曲了！

接下來，讓我們來談談「重力造成空間彎曲」的話題。前面已經提過「在往下掉落的箱中，重力消失」的情形。然而嚴格來說，在箱中，天體重力的影響並無法完全消失。

假設在太空船中有二顆蘋果。當太空船加速時，二顆蘋果保持一定間隔落下。這是因為在太空船中的每一角落，加速方向和大小皆一定的緣故。

然而，天體的重力是朝著天體中心的，且愈靠近天體，重力愈大。因此，在朝天體掉落的箱中，二顆蘋果若水平並列時會彼此略微接近，上下排放時則會略微分開。

像這樣，天體所造成的重力會因為場所而有些微的差別，因此在不能忽視重力大小的箱中，重力的影響無法完全消失。

另外，否定萬有引力的愛因斯坦是這樣思考落下的箱中狀況的：「就分別往下掉落的蘋果（假設其大小忽略不計）來說，作用在自己身上的重力影響已經消失，致使這二顆沒有力之作用的蘋果互相靠近，乃是天體質量導致周圍空間彎曲之故。」

▌球面與彎曲 的空間相似

「質量致使空間彎曲」究竟表示什麼意義呢？首先，讓我們來思考簡單的「面（2維）的彎曲」吧！地球表面（球面）就是一個很好的例子。

先說說球面上的「直線」是怎麼回事吧！一般所謂的直線是「連結2點間之最短距離的線」，所以球面上的「直線」也是「球面上連結2點間之最短距離的線」。經線和赤道可滿足此條件，因此可以說是球面上的「直線」。

球面上的直線 ── 經線相交於南北兩極點。沿經線北上的2架飛機逐漸接近，最後在北極發生碰撞。平面上，平行的二條直線永不相交。然而，這樣的常識在彎曲的平面並不通用。

就像球面上的2架飛機會自然接近般，往下掉落的二顆蘋果「因為在彎曲的空間中筆直前進的緣故，也會自然接近」，這就是廣義相對論的想法，該想法認為蘋果只是沿著自己所認為自然的「直線」前進而已。

我們一般所學的常識性幾何學稱為「歐氏幾何」（Euclidean geometry），而在球面得以成立的幾何學則稱為「非歐幾何」（non-Euclidean geometry），是廣義相對論的數學基礎。

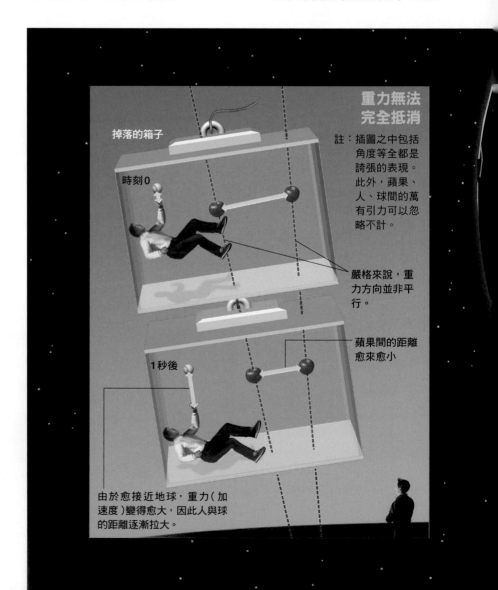

重力無法 完全抵消

註：插圖之中包括角度等全都是誇張的表現。此外，蘋果、人、球間的萬有引力可以忽略不計。

掉落的箱子

時刻0

嚴格來說，重力方向並非平行。

1秒後

蘋果間的距離愈來愈小

由於愈接近地球，重力（加速度）變得愈大，因此人與球的距離逐漸拉大。

球面世界

在像球面這樣的非歐幾何世界中，不僅出現「應該平行的二條直線最後竟然相交」，還會發生「三角形的內角和大於180度」、「圓周率比半徑2π還要短」等奇妙現象。

重力是引發「空間彎曲」的力

「**受**」重力影響而彎曲的光」也跟前頁所述的「2架飛機」一樣，光在受地球質量所形成之彎曲空間中行進，所以其行進軌跡也是彎曲的。

插圖1所繪為受恆星質量影響而彎曲的空間，以及行經其附近的2道光。像地球這類2維（面）世界的彎曲，可以繪成是漂浮在3維空間中的意象。但是**對居住在3維空間的人而言，3維空間的彎曲情形卻是無法正確想像的**，這也是無可奈何的事。因此，在插圖1中，省略3維空間中的1個維度，以2維的面（網眼部分）來表示。恆星周圍的空間就像是「其上放著球的橡膠板」般彎曲，而**理應平行的2道光在沿著恆星周圍彎曲空間行進的過程中，逐漸彎曲、接近。**

下面我們進一步了解空間彎曲與重力的關係。請看插圖2，此二天體的質量導致其周圍空間彎曲。請想像，有2個鉛球放在橡膠板上相距不遠的地方。因為橡膠板被壓而彎曲變形，鉛球會因此而靠近。同樣的，**所謂重力就是空間彎曲所引發的現象**。質量愈大，空間的彎曲愈大。亦即，**質量導致空間彎曲，空間彎曲引發重力**。像這樣的想法與牛頓的萬有引力定律大相徑庭。

請看插圖3，太陽具有極大質量，因此其周圍空間出現彎曲。太陽系的所有行星皆受此空間彎曲的影響，而繞著太陽公轉。這就像是將彈珠投入研缽狀凹陷中時，彈珠會在斜面持續繞轉一樣。繞著斜面旋轉的彈珠會因摩擦力的關係轉勢逐漸減弱而落入底部，但是在真空中行進的行星因為沒有任何阻擋，因此會一直在太陽周圍繞行。

1. 恆星附近彎曲的空間

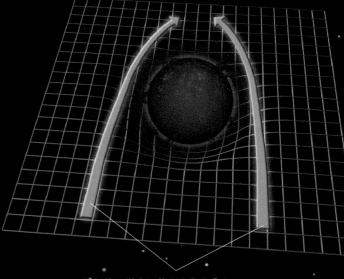

平行的2道光沿著空間彎曲「直線前進」，而逐漸靠近。

2. 具質量天體附近的彎曲空間

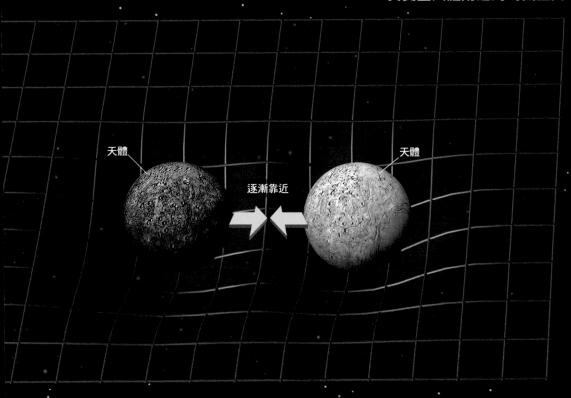

天體
天體
逐漸靠近

3. 地球受太陽所形成之空間彎曲的影響而繞著太陽運行

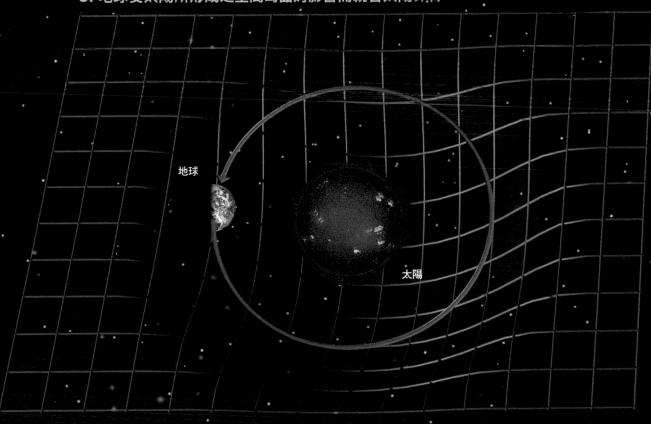

地球
太陽

重力愈強，時間進程變得愈慢！

現在，讓我們來認識重力與時間的關係吧！右邊插圖是距離相當遙遠的觀測者所看到光受大質量恆星重力影響而彎曲的情形。由於光具有寬度，因此得知愈靠近恆星的光，行進距離愈短（距離AB＞距離CD），此即意味了光內側的行進速度較慢。這樣一來，是否表示「光速不變原理」（請參考第2章）露出破綻了呢？答案是否定的。

確實，從遠方的觀測者來看，光速會因場所而異。然而，若就位在光帶外側邊緣的觀測者X來看，眼前的光一直都是以每秒約30萬公里的速度直線前進。這是因為觀測者X的立場與第67頁「落下之觀測者」相同，都是位在「未受重力影響的慣性參考系」之故。從位在光帶內側邊緣的觀測者Y的立場來看，眼前的光應該也是以每秒約30萬公里的速度行進吧！換句話說，**在受天體所形成之重力影響的情況下，光速不變原理僅在與觀測者距離非常近的狹窄範圍內始能成立**。另一方面，若是從相當遙遠之處觀看的話，在視覺上光速會發生變化。

重力所造成的時間延遲並非「相對的」

由於「光的行進距離＝光速×時間」，因此對觀測者X和Y而言，若欲光速皆維持每秒約30萬公里不變的話，在「距離AB＞距離CD」的前提下，對於觀測者Y而言的時間必須比對觀測者X而言的時間還要慢才不會有破綻。

結果，光帶內側，亦即在靠近恆星之重力較強的場所，時間進程變慢，所以從遠方觀測者的立場來看，光的速度變慢。換句話說，**重力愈強的場所，時間進程變得愈慢**！而且這不像是第42頁中所看到的「相對的」時間延遲，**重力愈強的場所，時間進程一定變得愈慢**！

誠如截至目前所看到的，相對論中的時間與空間都是同時延長、縮短、彎曲的。**時間與空間具有切也切不斷的密切關係，因此在相對論中將時間與空間視為一體，稱為「時空」**。前面我們說：「質量導致空間彎曲」，而事實上質量同時也會影響時間進程，所以一般更常聽到的說法是：「質量導致時空彎曲」。 🪐

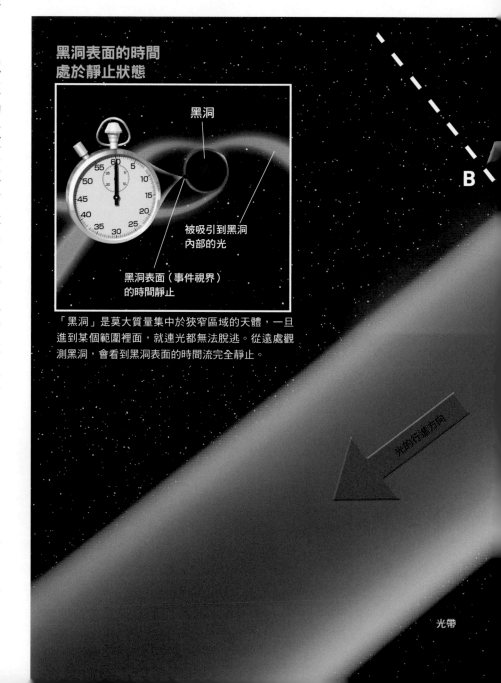

黑洞表面的時間
處於靜止狀態

黑洞

被吸引到黑洞
內部的光

黑洞表面（事件視界）
的時間靜止

「黑洞」是莫大質量集中於狹窄區域的天體，一旦進到某個範圍裡面，就連光都無法脫逃。從遠處觀測黑洞，會看到黑洞表面的時間流完全靜止。

B

光的行進方向

光帶

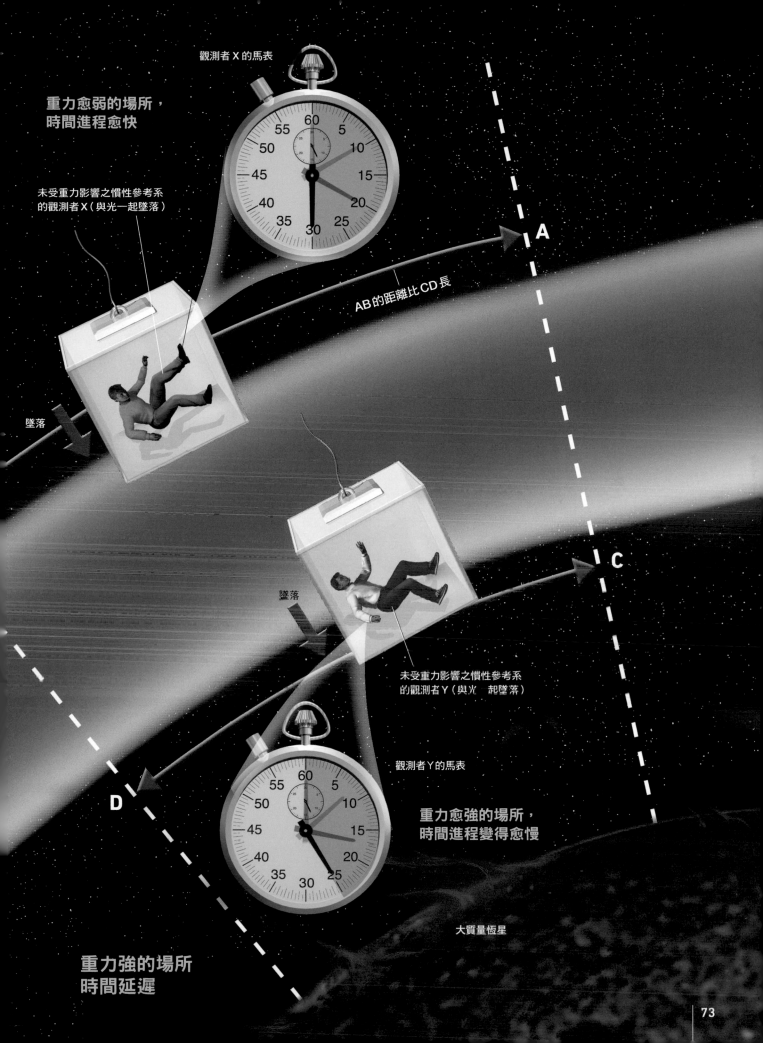

觀測者 X 的馬表

重力愈弱的場所，
時間進程愈快

未受重力影響之慣性參考系
的觀測者 X（與光一起墜落）

A

AB 的距離比 CD 長

墜落

未受重力影響之慣性參考系
的觀測者 Y（與光一起墜落）

C

觀測者 Y 的馬表

墜落

D

重力愈強的場所，
時間進程變得愈慢

大質量恆星

重力強的場所
時間延遲

愛因斯坦「畢生最棒的靈感」

在 發表狹義相對論 2 年後的1907年,愛因斯坦還在伯恩的專利局工作。這時候的他,**正全力嘗試將萬有引力定律融合到相對論中**。11月的某一天,靜坐在專利局椅子上默想的愛因斯坦突然靈光一閃,有一個念頭浮現在腦海中。

「在往上下加速的過程中,人會有自己變重或變輕的感覺。這就表示加速效應與重力效應有密切的關連」,此乃愛因斯坦自己後來所認為「畢生最棒的靈感」。

各位想想搭乘升降電梯往下時,應該會有身體彷彿上浮的感覺吧!當將懸吊升降電梯的鋼纜切斷時,升降電梯會往下墜落,裡面的物體會處於浮在空中的狀態。這是因為升降電梯墜落時的加速度運動,使物體變成處於無重力狀態。相反地,在無重力狀態的宇宙空間中,若將升降電梯往上拉,那麼內部的物體因為加速的關係,會有一種被往地板方向壓的感覺。

狹義相對論探討以等速度相對運動觀察者間,對於時間和距離測量值間的關係。**「相對性原理在加速度相對運動觀察者間是否也成立呢?」**愛因斯坦從該想法出發,**他假設重力與加速效應無法區別,亦即這兩者在本質上是相同的東西**。後來將這種想法稱為**「等效原理」**,是邁向廣義相對論的第一步。

「最終,廣義相對論掌握到時間和空間是彎曲的時空。但是,在發想出等效原理的當時,根據愛因斯坦構築的理論,時間進程在重力強的地方和重力弱的地方應該有差異。換句話說,愛因斯坦**在此階段認為時間會彎曲,但是空間不會彎曲**」(和田博士)。

在地球重力作用所及的場域中,將升降電梯的鋼纜切斷,電梯會因為重力而墜落。因電梯墜落時的加速度運動,電梯內呈無重力狀態,電梯中的人呈現浮在空中的狀態。

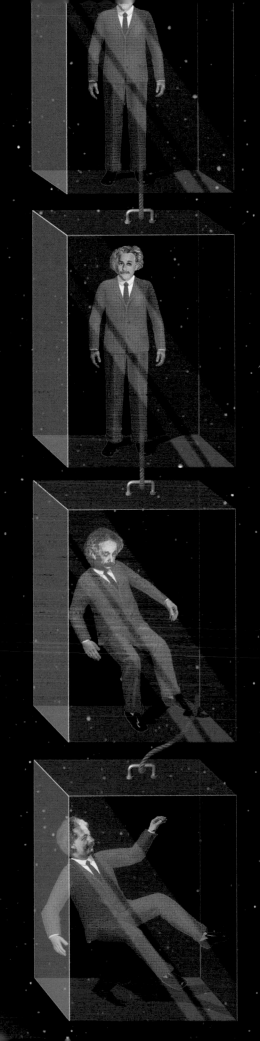

在無重力狀態的宇宙空間中,將電梯往上拉時,電梯內浮在空中的人被往地板方向推壓,這是因為向上加速會出現與重力相同的效應。愛因斯坦認為重力所造成的效應與加速所造成的效應是相同的。

歷經 8 年歲月
1915年終於完成廣義相對論

愛因斯坦在1907年發現的等效原理確實是建構廣義相對論的出發點。

1908年，愛因斯坦認為閔考斯基的想法是「多此一舉」（請看第56頁介紹），然而1912年，愛因斯坦卻採用了閔考斯基的想法。「廣義相對論最終是以閔考斯基的想法為基礎，愛因斯坦本身的觀念也在逐漸改變中」（和田博士）。

1912年，愛因斯坦以教授的身分任職於母校蘇黎世聯邦理工學院（ETH），在這裡他與大學一直以來的好友，數學家格羅斯曼一起工作。當時，提醒愛因斯坦以歐幾里得幾何學（簡稱歐氏幾何）來思考時間與空間問題是行不通的，必須要有其他幾何學的人就是格羅斯曼，他認為若是採用**黎曼幾何（Riemannian geometry）**，應該能夠適當解決該問題。黎曼幾何是19世紀中期建構出來的理論，用以處理

水星近日點進動

水星的近日點若以角度來論的話，每100年的進動率大約是574角秒（1角秒為1度的3600分之1），這樣的偏移主要是受其他行星引力（重力）的影響所致。該效應若以牛頓的萬有引力定律來計算的話，得到的結果是531角秒，與觀測值有43角秒的偏差量。為了說明該結果，科學家們提出各式各樣的說法，但都未能獲得認同。

另一方面，愛因斯坦使用廣義相對論進行計算，結果並無此43角秒的偏差量。根據廣義相對論的想法，水星運動的空間發生彎曲，因此不管是距離還是角度都有些微的偏差。此外，根據狹義相對論的說法，運動物體的質量增加，因此速度也會導致重力有些微的變化。再加上牛頓萬有引力定律和相對論在重力的表明上也略有不同，因著這些效應，牛頓萬有引力定律的計算結果就出現誤差。

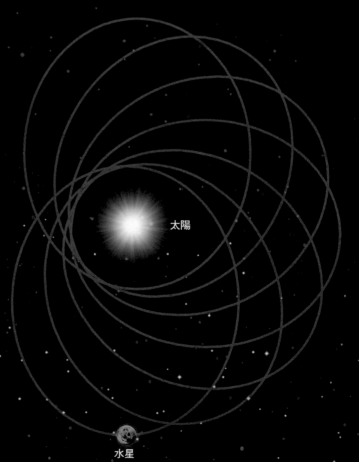

太陽

水星

高維度的彎曲空間。

與格羅斯曼共同展開研究的愛因斯坦在1913年發表二人一起列名的論文，當時愛因斯坦似乎對結論已有充分的把握，但是尚未達到最終目標。1915年秋，愛因斯坦發現前面所推導的理論包含極大的謬誤。在修正該錯誤之後，11月終於完成了廣義相對論。

在此之前，愛因斯坦僅認為時間會彎曲（延遲），然而最終得到的結論是不僅是時間，就連空間也會彎曲。愛因斯坦**將重力場造成的效應看成彎曲時空（時間與空間）的效應，完成了廣義相對論。**

愛因斯坦使用廣義相對論進行了某種計算，這就是與水星近日點進動相關的計算。水星的公轉軌道呈現橢圓形，其距離太陽最近的位置稱為「近日點」。近日點並非一直都在相同位置，由於水星受金星等其他行星引力的影響，軌道會有所偏移（進動），因此每一圈的近日點都會些微進動。若根據牛頓力學的萬有引力定律來計算，數值與實際觀測到的每100年有43角秒（弧秒）的偏差量。然而愛因斯坦根據廣義相對論來計算，所得到的計算值跟觀測到的進動值完全吻合。愛因斯坦曾說在得到這樣結果的當時，他好幾天都興奮得忘我了。

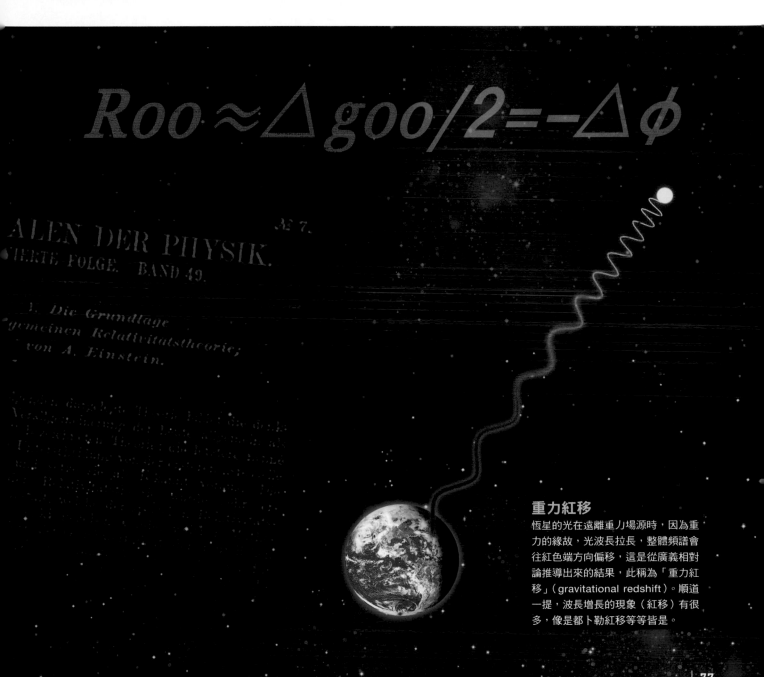

$$Roo \approx \triangle goo/2 = -\triangle\phi$$

重力紅移

恆星的光在遠離重力場源時，因為重力的緣故，光波長拉長，整體頻譜會往紅色端方向偏移，這是從廣義相對論推導出來的結果，此稱為「重力紅移」（gravitational redshift）。順道一提，波長增長的現象（紅移）有很多，像是都卜勒紅移等等皆是。

1919年的日全食，終於證明了廣義相對論的正確性

其後，愛因斯坦倡議：「**日食時觀測太陽附近的恆星，應該會看到位在平常看不到之處的恆星。**」在1907年的階段，愛因斯坦注意到**光被重力彎曲了**。1911年，愛因斯坦進一步思考到太陽的重力（引力）應該會把來自其背後恆星的光彎曲。但是因為當時只考慮到時間效應，因此無法得到正確的值。廣義相對論完成後，在考慮到時間與空間雙方都彎曲的情況下，計算出恆星光受太陽重力影響，會有多大的彎曲。

愛因斯坦發表廣義相對論之際，正值第一次世界大戰之時。祖國正與德國交戰的英國天文家愛丁頓（Arthur Eddington，1882～1944）透過中立國荷蘭的天文學家德西特（Willem de Sitter，1872～1934）得知廣義相對論，很希望能夠確認廣義相對論的正確性。

1919年5月29日發生日全食之際，英國有二個觀測隊，愛丁頓率領其中一隊前往西非的普林西比島（Príncipe），另一隊則前往巴西北部的索布拉爾城（Sobral）。**在愛丁頓等人拍攝到的日全食照片中，出現偏移原本位置的恆星，偏移角度幾乎與根據廣義相對論計算出來的角度一致。藉此，證明廣義相對論是正確的。**

其實不是只有日全食之際才能夠觀測到光受重力影響彎曲的現象，平常也能觀測到來自遠方星系等天體的光，被位在比較靠近前方（近地球側）的星系等天體重力影響所彎曲，看起來好像有四個，或是呈環狀的現象。像這樣的現象稱為**「重力透鏡效應」（gravitational lensing effect）**。誠如其名，位在光行進路線前方的天體（例如星系）具有像透鏡般的功能，使來自後方天體的光發生彎曲。現在，科學家利用重力透鏡效應進行遠方宇宙空間中物質分布情形的調查，該現象的分析成為天文學研究中所不可或缺的過程。🪐

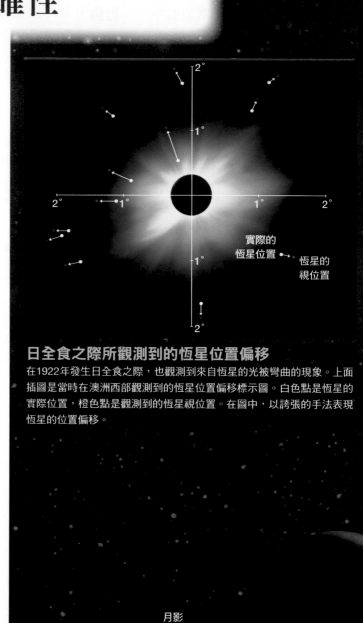

日全食之際所觀測到的恆星位置偏移

在1922年發生日全食之際，也觀測到來自恆星的光被彎曲的現象。上面插圖是當時在澳洲西部觀測到的恆星位置偏移標示圖。白色點是恆星的實際位置，橙色點是觀測到的恆星視位置。在圖中，以誇張的手法表現恆星的位置偏移。

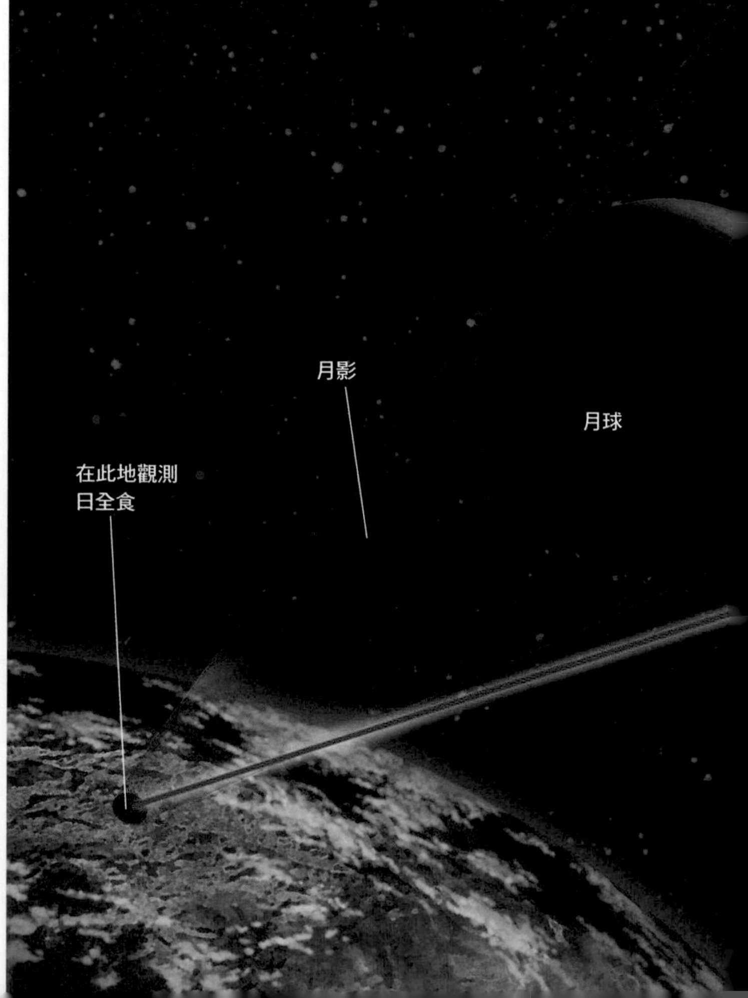

實際的
恆星位置

恆星的
視位置

月影

月球

在此地觀測
日全食

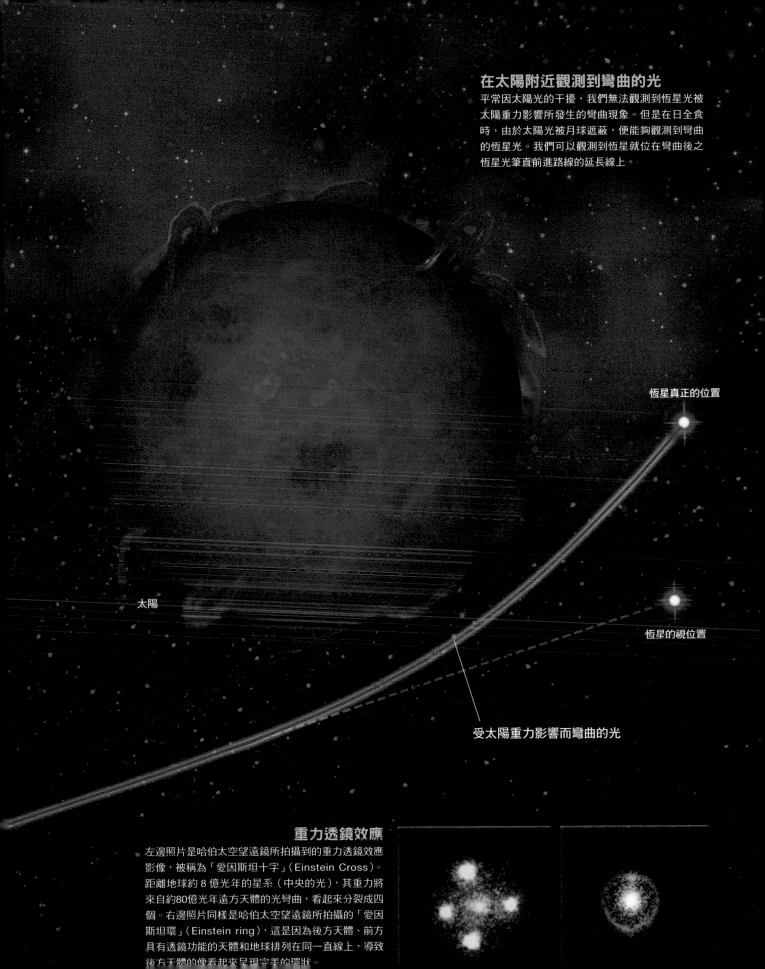

在太陽附近觀測到彎曲的光

平常因太陽光的干擾，我們無法觀測到恆星光被
太陽重力影響所發生的彎曲現象。但是在日全食
時，由於太陽光被月球遮蔽，便能夠觀測到彎曲
的恆星光。我們可以觀測到恆星就位在彎曲後之
恆星光筆直前進路線的延長線上。

恆星真正的位置

恆星的視位置

太陽

受太陽重力影響而彎曲的光

重力透鏡效應

左邊照片是哈伯太空望遠鏡所拍攝到的重力透鏡效應
影像，被稱為「愛因斯坦十字」（Einstein Cross）。
距離地球約 8 億光年的星系（中央的光），其重力將
來自約80億光年遠方天體的光彎曲，看起來分裂成四
個。右邊照片同樣是哈伯太空望遠鏡所拍攝的「愛因
斯坦環」（Einstein ring），這是因為後方天體、前方
具有透鏡功能的天體和地球排列在同一直線上，導致
後方天體的像看起來呈現完美的環狀。

孿生子悖論與時間旅行

根據相對論的說法，移動者的時間進程比靜止者的時間進程要來得緩慢。倘若搭乘太空船從地球出發，經過高速移動後返回地球，因為高速移動之太空船的時間進程比地球慢，那麼似乎就能夠來到未來的地球。另一方面，從太空船的立場來看，移動的一方是地球，所以地球的時間應該是過得比較慢的。難道這樣的想法沒有矛盾嗎？現在，就讓我們來驗證使用時間與空間之伸縮的時間旅行是否可行吧！

協助　真貝壽明

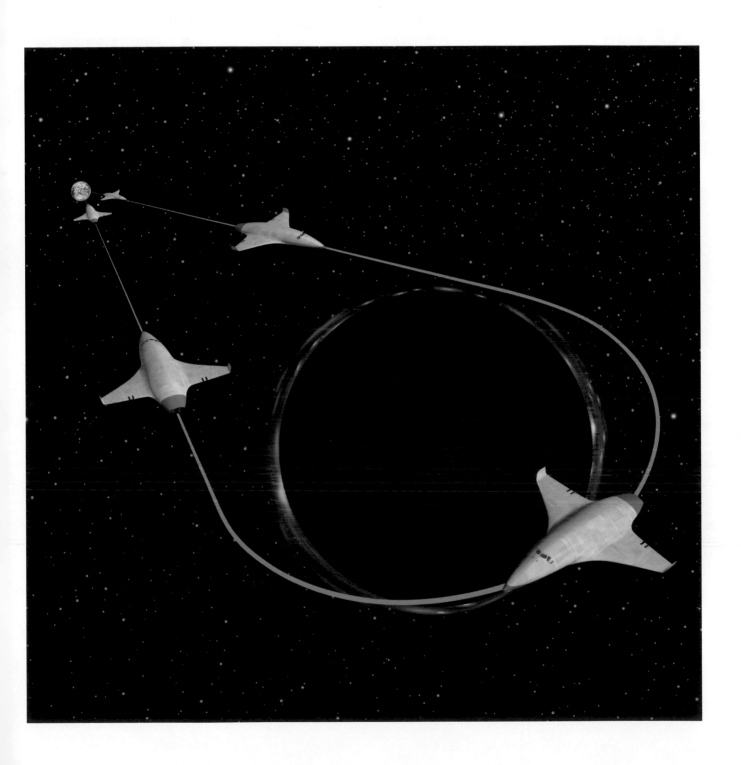

哥哥進行太空旅行，弟弟在地球等候哥哥歸來。請問誰會先變老呢？

孿生子
悖論

20歲雙胞胎的哥哥搭乘以光速之80%（每秒約24萬公里）速度前進的太空船，朝距離地球24光年（約227兆公里，1光年＝光行進1年的距離）之彼方的目標行星前進。假設太空船一抵達目標行星立刻折返，雙胞胎的弟弟則在地球等待哥哥的歸來。

太空船往返於地球和目標行星之間總計花了60年。在太空船出發之時，雙胞胎兄弟均為20歲。若單純來想，60年後他們在地球相會時，雙胞胎兄弟二人應該都是80歲。

然而，根據相對論的說法時空是會伸縮的，若連該效應也考量在內的話，那麼雙胞胎的年齡應該是多少呢？

留在地球上的
雙胞胎弟弟

20歲

搭乘太空船的
雙胞胎哥哥

20歲

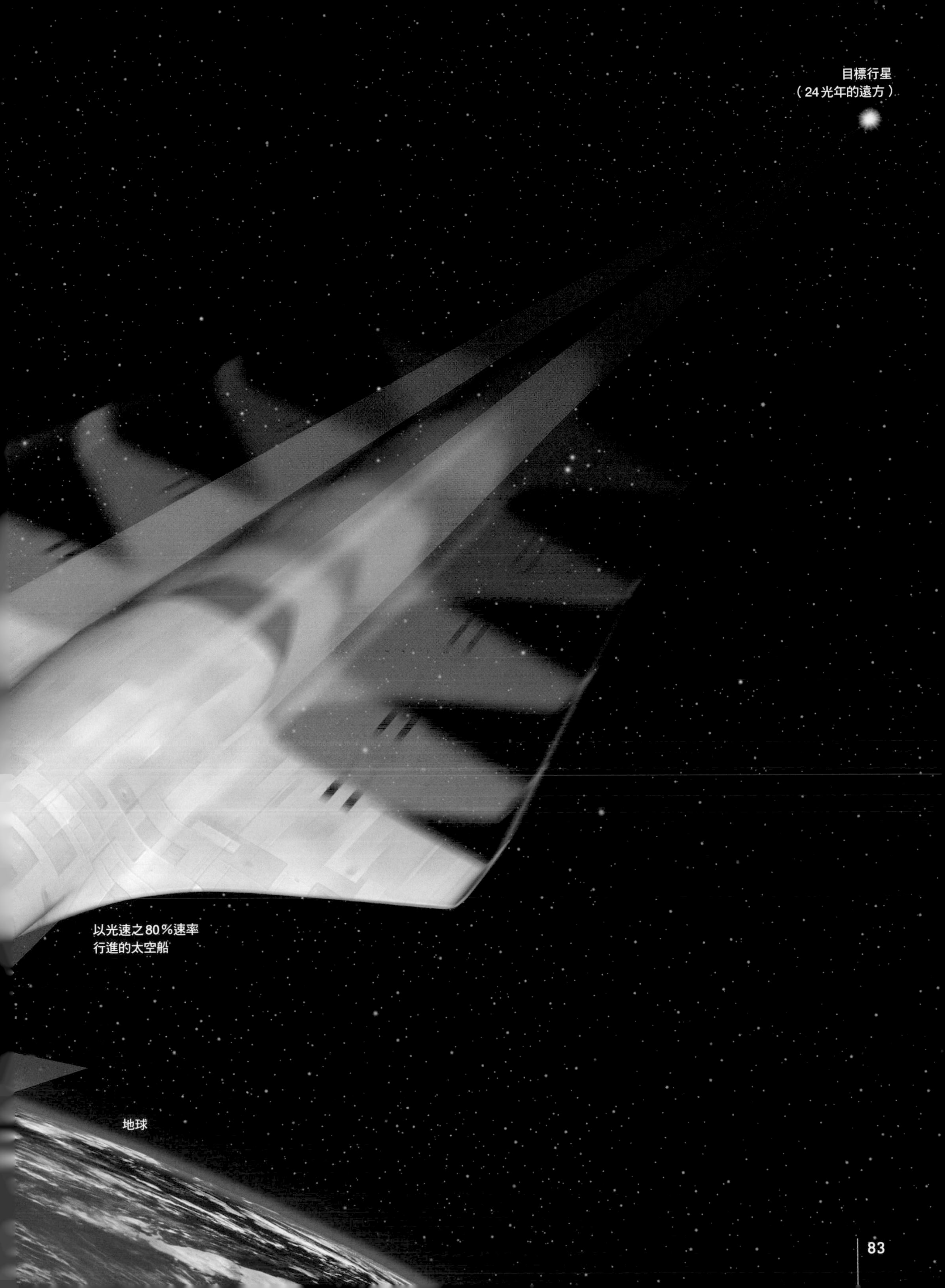

目標行星
（24光年的遠方）

以光速之80％速率
行進的太空船

地球

弟弟的視點

太空旅行回來的
雙胞胎哥哥年紀竟然比
雙胞胎弟弟年輕了24歲！

在 前頁介紹的狀況中，於太空船往返地球和目標行
星之間，雙胞胎兄弟的年齡分別會變成什麼情況
呢？首先，讓我們根據狹義相對論（第3章）來思考
這個問題吧！

太空船內的時間進程
約是地球的60%

雙胞胎的哥哥搭乘以光速之80％的速率朝位在24光
年彼方的目標行星前進。因為往返總計需花60年的時
間，因此出發時為20歲的雙胞胎兄弟，在地球再會
時，應該都是80歲了吧！

然而根據相對論的說法，移動速度越快，時間的進
程變得越慢。當以光速之80％速率行進時，時間的進
程竟然變慢至靜止時的60％（0.6倍）。因此，**對在地
球等待的雙胞胎弟弟而言，時間已經過60年時，對在
太空船中的雙胞胎哥哥來說，僅經過了36年（＝
60×0.6）。**

在地球再會時，一直停留在地球上的雙胞胎弟
弟已經80歲，但是在太空船內持續高速移動的
雙胞胎哥哥卻是比弟弟年輕了24歲，只有56
歲而已。當對哥哥而言僅過了36年時，地
球的時間已經過了60年（時間進程快了24
年），由此能夠想像可時間旅行到未來
的地球。

目標行星
（24光年的前方）

29歲
（經過9年）

搭乘太空船的
雙胞胎哥哥

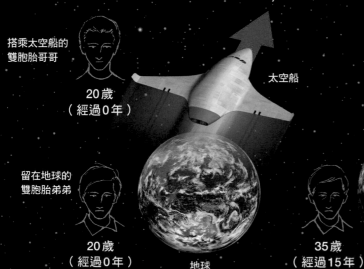

20歲
（經過0年）

太空船

留在地球的
雙胞胎弟弟

20歲
（經過0年）

地球

35歲
（經過15年）

50歲
（經過30年）

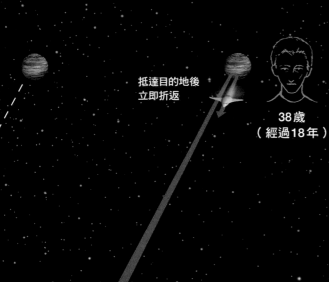

抵達目的地後
立即折返

38歲
（經過18年）

47歲
（經過27年）

56歲
（經過36年）

65歲
（經過45年）

80歲
（經過60年）

太空船的時間過得比較緩慢

插圖所示為雙胞胎哥哥從地球出發前往目標行星，然後再返回地球的一連串過程。由左至右是時間的推移。當一直停留在地球上的雙胞胎弟弟已經80歲時，以光速之80％速率移動的雙胞胎哥哥年齡卻只有56歲而已。

從雙胞胎哥哥的角度來看，留在地球的弟弟比較年輕！？

接下來，讓我們從乘坐在太空船中的雙胞胎哥哥的視點來想這件事吧！當我們坐在行駛中的列車或是開車時，我們會有一種感覺：自己是不動的，乃是窗外的景物一直往後方飛逝。

同樣的，從坐在太空船中的雙胞胎哥哥的立場來看，太空船是靜止的，乃是地球以光速之80％的速度朝太空船的後方遠離。然後，在路途經過一半之後，地球看起來又朝太空船接近（第2章介紹過的「相對性原理」）。

根據相對論的說法，移動物體的時間進程變得較慢。換句話說，從乘坐在太空船中的哥哥立場來看，因為地球在移動，所以**地球的時間進程變慢到只有自己（太空船）的60％**。

到目的地的距離變短，能夠更快往返

再者，根據相對論的說法，移

地球這邊的時間進程比較慢

這是從搭乘太空船的雙胞胎哥哥的立場來看地球運動，時間是由左往右推移。旅行的前半段是從前方看越來越接近目標行星，越來越遠離後方的地球。等到抵達目的地折返時，則是越來越遠離目標行星，越來越接近地球。因為包括地球和目標行星的整個宇宙都是以光速之80％的速度移動，因此太空船以外的時間進程都變慢為原來的60％，當雙胞胎哥哥56歲時，相對於哥哥以光速之80％速率移動的弟弟，其年齡只不過是41.6歲。在此，有一前提就是太空船的加速、減速、方向切換都是瞬間進行的。

想出孿生子悖論的人

愛因斯坦（1879～1955）在1905年發表與相對論（狹義相對論）相關的第一篇論文。對相對論相當瞭解的日本大阪工業大學真貝壽明教授表示：「愛因斯坦在1905年的論文中便已提及會發生類似孿生子悖論這樣的狀況了。」論文中提到：一直停留在同一場所的人跟從該場所離開又返回的人的馬表會有時間差。不過，本篇所介紹的孿生子和太空船這樣的設定，則是在1911年由法國的物理學家朗之萬（Paul Langevin，1872～1946）所架構出來的場景。

25.4歲
（經過5.4年）

留在地球的
雙胞胎弟弟

20歲
（經過0年）

地球

抵達目的地後
改變方向

搭乘太空船的
雙胞胎哥哥

20歲
（經過0年）

太空船

29歲
（經過9年）

38歲
（經過18年）

目標行星（14.4光年的前方）

目標行星

動物體的長度會沿行進方向收縮。若以光速之80％速度行進的話，沿行進方向的長度看起來收縮至原來的60％。從在太空船內的雙胞胎哥哥的立場來看，包括地球在內周圍的整個宇宙都在以光速的80％速度移動，所以整個宇宙往行進方向收縮至原來的60％。

於是，**到目標行星的距離也縮短至原來的60％，也就是14.4光年（＝24光年×0.6）**。因為距離縮短，所以太空船只要18年就能抵達目的地，往返所需的時間只要36年。

20歲時搭乘太空船出發的雙胞胎哥哥，36年後返回地球，此時，哥哥的年紀是56歲。在這期間，因為地球的時間進程應該變慢至原本的60％，**就單純計算的話，應該只過了21.6年。所以當雙胞胎兄弟在地球重逢**時，弟弟的年紀為41.6歲，比56歲的哥哥年輕14歲左右。

從雙胞胎弟弟的視點來看，哥哥比較年輕；從雙胞胎哥哥的立場來看，弟弟比較年輕，這就是**「孿生子悖論（也稱雙生子佯謬）」（twin paradox）**。所謂悖論就是從看起來正確的理論，卻得到令人難以接受之結論的問題。在從弟弟的視點和從哥哥的視點的計算中，哪裡出錯了呢？

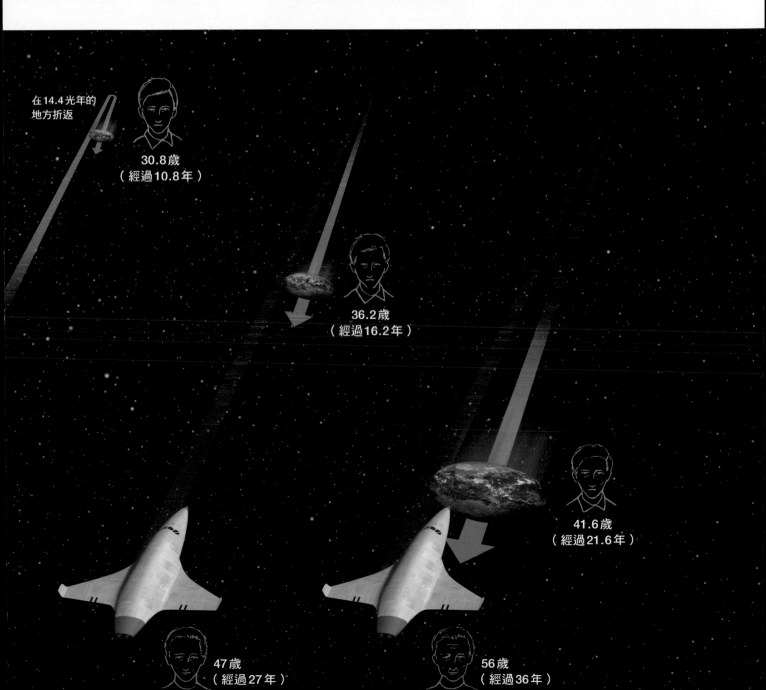

在14.4光年的地方折返

30.8歲
（經過10.8年）

36.2歲
（經過16.2年）

41.6歲
（經過21.6年）

47歲
（經過27年）

56歲
（經過36年）

只有雙胞胎哥哥「折返」是產生矛盾的原因

雙胞胎哥哥和弟弟究竟哪一個的視點才正確呢？對相對論和時間旅行理論相當瞭解的日本大阪工業大學真貝壽明教授如此說明：「雙胞胎哥哥抵達目的地後，因為要返回地球，所以必須轉換方向。**因為有這個折返動作的關係，我們不能將哥哥與弟弟的立場想成是簡單的置換關係。就結論而言，『重逢時，太**空旅行回來的哥哥比較年輕』這個雙胞胎弟弟的視點（第84～85頁）是正確的」。

只要兩者都在做以固定速度朝一定方向行進的「等速直線運動」，那麼兩者都會認為對方的時間進程比較慢。但是，在這裡所看到的例子，因為弟弟一直都留在地球，而哥哥則在途中又因為折返的關係而改變了方向，所

雙胞胎兄弟藉由互相送信以傳遞時間的經過

將雙胞胎兄弟的位置變化繪成圖表。哥哥的位置以橙色粗線，弟弟的位置以藍色粗線來表示。縱軸為與地球的距離，地球與太空船的經過時間分別標示在靠近粗線的位置。雙胞胎哥哥與弟弟每當自己的時間經過 6 年，就發一封信給對方。信是以無線電波來傳送，無線電波是一種光，所以會以光速行進。

（左頁）弟弟送信給哥哥

圖表所示為在地球的雙胞胎弟弟每 6 年發送一封信給在太空船中的哥哥的情形。在去程時，因為太空船就好像在逃避信的追趕似的行進，所以第 1 封信是在太空船抵達目的地又折返的第18年才終於收到。

折返後的太空船因為逐漸接近地球，所以收信的間隔變短（每 2 年）。最終，太空船中的哥哥在36年間收到地球上的弟弟所寄來60年份的信。

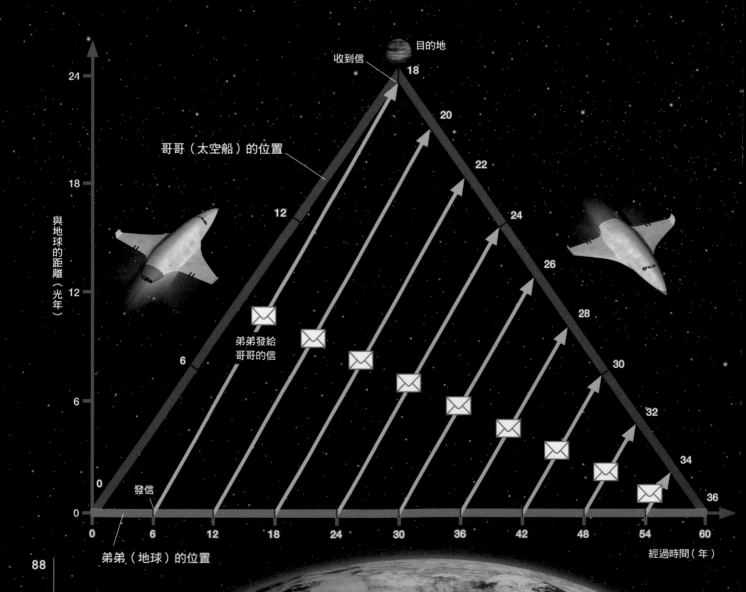

以在去程和回程並非進行相同的等速直線運動。因此，如第86～87頁所示，從雙胞胎哥哥的視點認為「從頭到尾弟弟的時間進程都比較慢」的計算是錯誤的。

若是互相送信，哥哥比較年輕這件事就無矛盾

讓我們利用圖表來確認雙胞胎哥哥所經過的時間較短這件事的正確性吧！為了獲知對方的時間經過，兄弟二人約定「每6年要發一封信給對方」。左頁所繪圖表為弟弟發給哥哥的信；右頁圖表是哥哥發給弟弟的信。

在太空船折返前後，收信間隔改變了。最終我們知道，哥哥在36年間收到弟弟60年份的信

（左頁）；而弟弟則是在60年間收到哥哥36年份的信（右頁）。這樣的結果與第84～85頁中所看到，從弟弟視點所進行的計算結果「哥哥的經過時間較短（在地球重逢時，哥哥比較年輕）」一致。

（右頁）哥哥送信給弟弟

圖表所示為太空船中的哥哥每6年給地球上的弟弟送信的情形。在從目的地折返之前，從太空船發出的3封信，在地球上是每18年收到1封。

太空船折返之後，因為與地球的距離變短的緣故，信以較短的間隔（每2年）送達地球。最終，地球上的弟弟在60年間收到來自太空船的哥哥所寄36年份的信。

哥哥視點的計算究竟什麼地方出錯了呢？

當以哥哥（太空船）視點思考弟弟（地球）的時間進程時，最大的問題會出在哥哥折返的瞬間。根據相對論的說法，哥哥的太空船在改變行進方向的瞬間，人在地球的弟弟的時間會一下子突飛猛進。從哥哥的立場米看，發生了「折返之前年紀比自己小的雙胞胎弟弟，折返後突然一下子年長了幾十歲」的奇妙事件。

該現象是因為雙胞胎哥哥的行進方向突然改變，哥哥與弟弟的時間對應關係（哥哥的什麼時候與弟弟的什麼時候為「同時」）突然發生改變所產生的。在第86～87頁中並未將該現象考慮在內。

與地球的距離（光年）

24

18

12

6

0

哥哥（太空船）的位置

目的地

18

12

6

發信

哥哥發給弟弟的信

收到信

24

30

弟弟（地球）的位置

經過時間（年）

0　6　12　18　24　30　36　42　48　54　56　58　60

36

只有進行加速、減速的雙胞胎哥哥的時間進程是絕對性變慢！

讓 我們將「加速、減速時，時間的進程會變慢」此現象納入考量，重新檢視孿生子悖論吧！該現象無論從任何人的立場來看，都是進行加速、減速這方的時間變慢，是一種絕對性的慢。一直留在地球上的弟弟因為沒有加速和減速，所以從弟弟的視點來思考時，就沒必要特別將此現象考量其中[1]。另一方面，乘坐在太空船中的哥哥在從地球出發時的加速（**1**），著陸在目的地時的減速（**2**），從目的地出發時的加速（**3**），以及抵達地球時的減速（**4**），在整個過程中共有4次的加速、減速（右邊插圖）。**乘坐在太空船中的哥哥在這4次的加速、減速時，都產生絕對性的時間延遲。**

哥哥抵達目的地時，地球急速遠離

太空船在加速、減速時，太空船內的哥哥看到的景色會是什麼樣的呢？根據相對論的說法，當速度提高到趨近光速時，太空船外面的空間急速收縮。相反地，當速度減慢時，太空船外面的空間急速延伸（恢復原來的長度）。

「當太空船即將在目標行星著陸時，會開始減速（**2**），周圍空間開始急速延伸，在此之前位在太空船後方約14光年遠的地球，此時一下子遠離到24光年之處。當太空船從目標行星出發返回地球時（**3**），伴隨著加速，空間開始收縮，先前位在24光年之遙的地球，一直接近到與太空船的距離只有14光年」（真貝教授）。

因為太空船折返，所以哥哥的時間進程急速變慢。在折返之間，從哥哥的立場看弟弟的時間進程，應該是急速前進的（弟弟的年紀突然變大）。在往返的等速直線運動期間，從哥哥立場來看弟弟的時間進程，應該是變緩慢的。但是，**在折返時，因為哥哥的時間延遲效應較大，所以在地球上重逢時，就得到哥哥比較年輕（弟弟的年紀比較大）的結論**[2]。

※1：地球重力所導致弟弟的時間延遲（＝因無地球重力作用的緣故，哥哥的時間進程較快）與因太空船的加速、減速所造成哥哥的時間延遲相較，實在微不足道，故可忽略不計。

※2：太空船從地球出發時的加速（**1**）與抵達地球時的減速（**4**），都會使哥哥產生絕對的時間延遲。

1. 加速

太空船

地球

與地球的距離

經過時間

在目的地折返

減速　　加速

哥哥（太空船）的位置

等速直線運動　　　　　　　　　等速直線運動

加速　　　　　　　　　　　　減速

弟弟（地球）的位置

將加速、減速納入考慮來思考時間延遲

太空船在地球與目標行星間的往返就如下面插圖所示，必須有 4 次的加速、減速。根據廣義相對論的說法，在進行加速、減速之際，時間進程會絕對的延遲。

左邊圖表係考慮了太空船加速與減速所花時間，繪出與第88頁相同的圖表。在第88頁中，係在太空船可以瞬間加速到光速的80%（相反地也可以從光速的80%瞬間減速）的前提下繪製的。

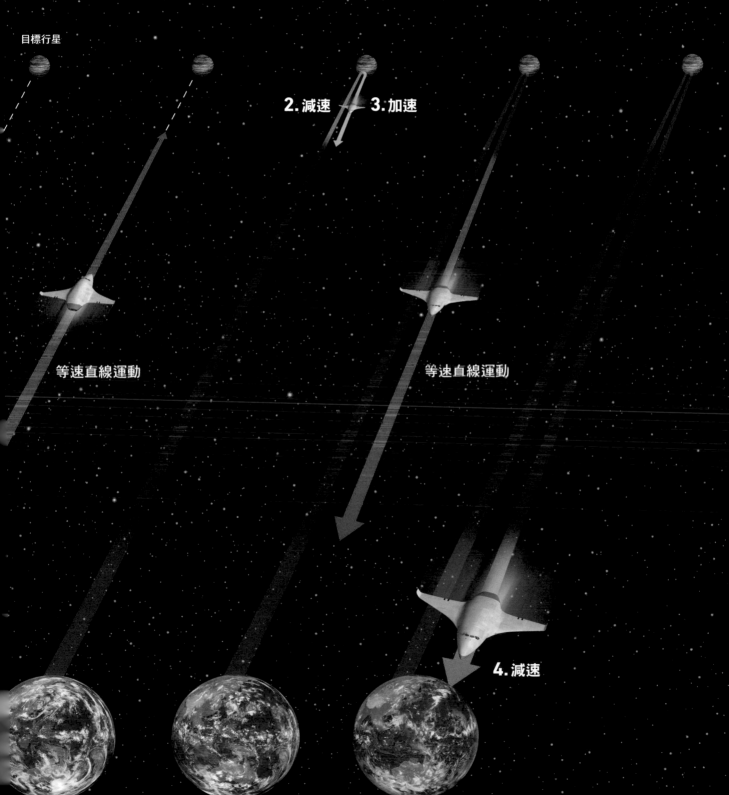

目標行星

2.減速　3.加速

等速直線運動　　　　等速直線運動

4.減速

只要通過有強重力作用的場所就能去到未來

在 攣生子悖論中，結果是搭乘太空船太空旅行的哥哥，其時間進程較慢。哥哥因為地球的時間過得比自己的時間快，所以當他從太空回到地球時，等於是回到「未來」的地球。換句話說，若能巧妙運用相對論所示的時間延遲（時間的伸縮）的話，便有可能時間旅行到未來。

使用黑洞的時間旅行法

科學家提出幾個可能時間旅行到未來的方法，「基本上，在利**用超快速移動、強重力（強大引力）所產生的時間延遲這一點是共通的**」（真貝教授）。

首先，介紹一個與攣生子悖論中哥哥搭乘太空船旅行類似的方法。在攣生子悖論的例子當中，哥哥的目的地是行星，但在這裡我們假設目的地是黑洞（下面插圖）。

若進入黑洞內部的話，就無法回到地球了，所以只能盡可能的靠近黑洞。在黑洞附近，因為黑洞強大重力的緣故，時間進程變慢。倘若在這裡停留一段時間的話，在停留的這段時間內，地球時間的進程走得比較快。在適當的時期，返回與黑洞相隔一段距離的地球，就能夠來到未來時間旅行。

在重力強大的場所時間進程會變慢這件事，已經藉由位在地表上的原子鐘進程比搭載於繞地球公轉之人造衛星上的原子鐘稍慢而獲得確認。道路導航系統所使用之GPS衛星的無線電波，也將此時間延遲效應計算在內。

被超高密度的物體圍繞使時間延遲

在有強烈重力作用的高密度物

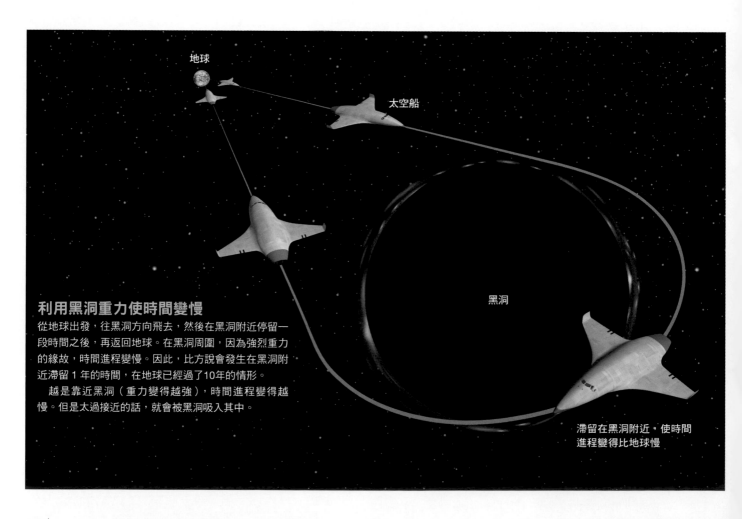

利用黑洞重力使時間變慢

從地球出發，往黑洞方向飛去，然後在黑洞附近停留一段時間之後，再返回地球。在黑洞周圍，因為強烈重力的緣故，時間進程變慢。因此，比方說會發生在黑洞附近滯留 1 年的時間，在地球已經過了10年的情形。

越是靠近黑洞（重力變得越強），時間進程變得越慢。但是太過接近的話，就會被黑洞吸入其中。

地球

太空船

黑洞

滯留在黑洞附近，使時間進程變得比地球慢

體內部生活的話，時間進程會變慢，這也是一種前進未來的方法。假設將與木星差不多質量（約地球的318倍）的物質壓縮，形成半徑約 6 公尺的超高密度球，然後在球的內部挖出空間（中空），在裡面生活一段時間（右邊插圖）。

因為球的密度非常高（大質量），所以仍會有強烈的重力作用及於周圍。換句話說，在球周圍的時間進程會變慢。另一方面，球內部因為來自周圍的重力強度均等又彼此抵消，因此處於無重力狀態。儘管是無重力狀態，但是在球的內部時間進程仍然會變慢。

「因為球的外側被強大的重力所包圍，所以球的內部時間進程變慢。詳細來說的話，球的內部和與球相隔十分遙遠的地球等相較，有重力位能（gravitational potential energy）差。因為該能量差的關係，即使球的內部為無重力狀態，時間還是會延遲」（真貝教授）。只要在球的內部生活一段時間，就能夠前往未來，因此這種球也可以說是一種時光機。

回到過去的方法並不是那麼容易

時間旅行的方法本身是比較簡單的，想要實現就需要有能夠製造出移動速度可接近光速之太空船、超高密度之球體等的技術。以現在的科學技術來看，可以說是極度困難。

雖然科學家也想出了幾個時間旅行回到過去的方法，但是都不像通往未來那麼簡單。舉例來說，有人提出使用「蟲洞」

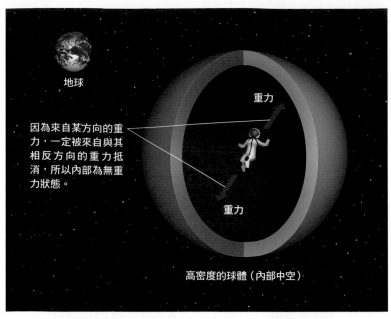

進入內部中空的高密度球前往未來

製造一個質量非常大的高密度球，裡面中空。在內部，因為來自周圍的重力會互相抵消，所以成為無重力狀態。因無重力的物體被有強大重力的球所包圍，所以與地球相較，內部空間的時間過得比較緩慢。假設是一個質量跟木星差不多，半徑約 6 公尺的球，那麼與外界相較，球內部的時間進程僅是外部的20%。亦即，在高密度球內部過 1 年的話，在地球已經過 5 年左右了。

（地球）

重力

因為來自某方向的重力，一定被來自與其相反方向的重力抵消，所以內部為無重力狀態。

重力

高密度的球體（內部中空）

（wormhole）的方法（在第 8 章的PART2中將會介紹使用「迅子」的方法）。所謂蟲洞就是連接遙遠二地像是「隧道」般的結構。雖然理論預言有這種蟲洞存在，但是目前仍然未有任何發現。在此簡單的說明一下，就是利用蟲洞二個出入口所產生的時間差，從「未來側」的出入口進去，從「過去側」的出入口出來，就是使用蟲洞回到過去的世界時間旅行的原理。

使用蟲洞時間旅行回到過去，也不是想去哪個時代就去哪個時代。原理上，比利用時光機穿過蟲洞的那個年代還更久的時間都去不了。這個原則除了蟲洞以外，舉凡根據相對論所想出能回到過去的時間旅行法都是共通的。又，也有科學家認為回到過

去是不可能的任務，所以回到過去的時間旅行究竟可不可行目前仍未有定論。

我們每天都在進行「超迷你的時間旅行」

儘管報導中所介紹前進到遙遠未來或是過去之偉大的時間旅行實現的難度非常高，但是我們平常每天搭乘捷運和汽車時都有加速和減速的經驗，事實上，在不知不覺中，我們都已經頻繁經歷了超迷你的時間旅行，帶我們到些許超前的未來。　　🪐

潛藏在物質中的龐大能量

從相對論推導出的知名公式「$E=mc^2$」顯示能量（E）和質量（m）在本質上是相同的，而僅是些許的質量，因為乘上 c^2 的關係，意味著就轉變成龐大的能量。在第 6 章中，我們將切入說明在詮釋上遭致許多誤解的「$E=mc^2$」。

協助　橋本省二／和田純夫

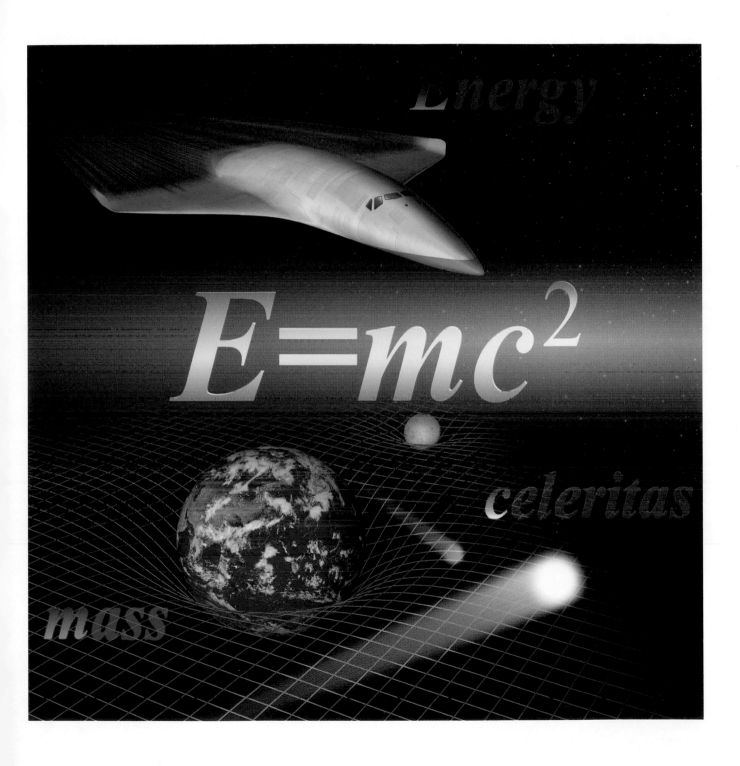

太陽每秒減輕400萬公噸以上的質量轉化為光和熱

在「$E=mc^2$」這個公式中，E是能量（單位是焦耳），m是質量（單位是公斤），c是光速（每秒2億9979萬2458公尺）。光速的符號c源自拉丁文意為速度的「celeritas」。

將能量（E）與質量（m）以等號相連的公式「$E=mc^2$」表示兩者在本質上是相同的東西，亦即質量可以「轉化」為能量。舉例來說，**太陽每秒減輕400萬公噸以上的質量，減少的質量轉化為光和熱釋放出來，因此能夠持續不斷地發光發熱。**

太陽之所以能夠持續產生能量乃是因為內部發生二個原子核高速碰撞合而為一的反應 —— 核融合（nuclear fusion）。太陽的成分若依質量比來看的話，有7成以上是氫（H）。氫的原子核（質子）經過反覆不斷地碰撞，最後轉變成氦（He）的原子核（下面插圖）。在這一連串的過程中，總質量約減少了0.7%，

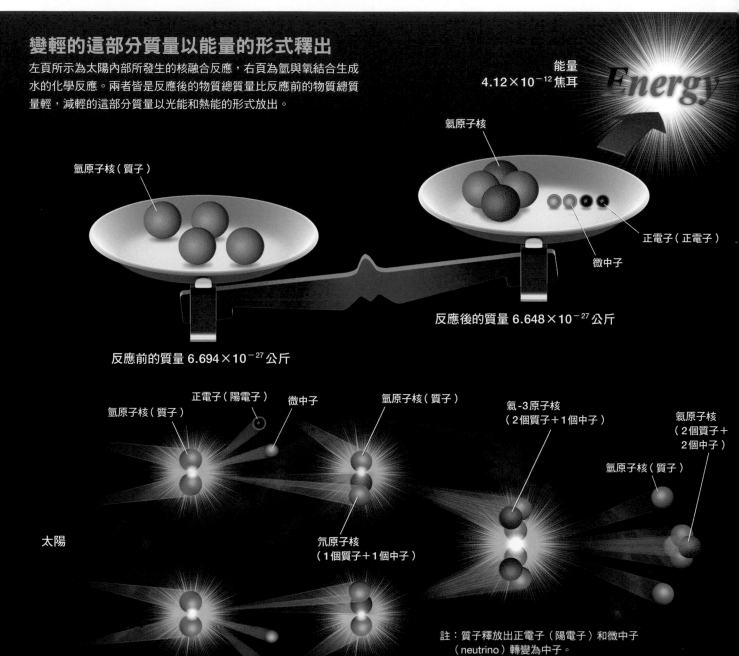

變輕的這部分質量以能量的形式釋出

左頁所示為太陽內部所發生的核融合反應，右頁為氫與氧結合生成水的化學反應。兩者皆是反應後的物質總質量比反應前的物質總質量輕，減輕的這部分質量以光能和熱能的形式放出。

能量 4.12×10^{-12} 焦耳

Energy

氦原子核

正電子（正電子）

微中子

反應後的質量 6.648×10^{-27} 公斤

氫原子核（質子）

反應前的質量 6.694×10^{-27} 公斤

氫原子核（質子）

正電子（陽電子）

微中子

氫原子核（質子）

氦-3原子核（2個質子＋1個中子）

氦原子核（2個質子＋2個中子）

氫原子核（質子）

太陽

氘原子核（1個質子＋1個中子）

註：質子釋放出正電子（陽電子）和微中子（neutrino）轉變為中子。

減少的這部分質量轉變成龐大的光能和熱能釋放出來。

生活周遭也有質量變成能量的例子

質量轉化為能量的現象在日常生活中也經常發生。專門研究基本粒子物理學的日本高能加速器研究機構的橋本省二教授表示：「在二個物質結合為一而產生熱的化學反應中，其實質量在反應前後有些微的減少，減少的質量轉變成熱等能量釋放出去。」

大家應該讀過在化學反應前後，物質總質量不變的「質量守恆定律」（law of conservation of mass）。其實，若以為該定律不管在如何嚴謹的考究下都成立的話，可能就錯了。**若將相對論也納入考量的話，就會知道嚴格來說質量守恆定律並不成立。**

舉例來說，將氫氣（H_2）和氧氣（O_2）混合後點火，經過爆炸性反應，結果形成水（H_2O），請參考下面插圖。在此化學反應中，如果能以最嚴謹的方法測量

反應前後的質量的話，應該會發現反應後的質量大約比反應前減少了100億分之1。「反應後所形成的分子質量之所以比較輕，乃是在反應之際，會有些許質量以能量的形式被釋放出來的緣故」（橋本教授）。

反應前的氫分子和氧分子以及反應後的水分子，以及所使用的原子種類和數目雖然相同，但是原子的鍵結方式卻不一樣。當原子的鍵結方式相異時，質量也會有些微不同。

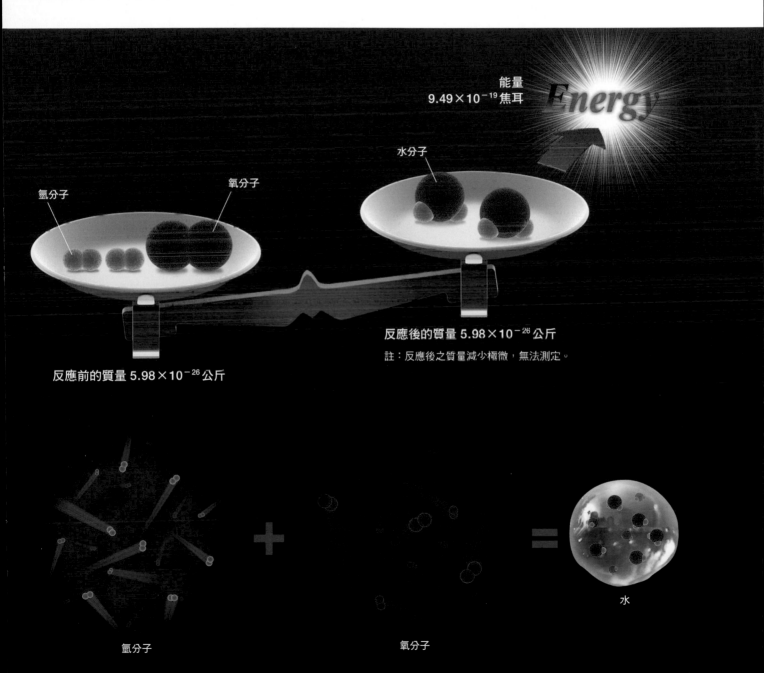

能量 9.49×10^{-19} 焦耳

Energy

水分子

氫分子

氧分子

反應後的質量 5.98×10^{-26} 公斤
註：反應後之質量減少極微，無法測定。

反應前的質量 5.98×10^{-26} 公斤

氫分子

氧分子

水

如何使電子蛻變成「1萬倍重的粒子」？

若 質量能夠轉換成能量，那麼反過來說，**能量也能轉換成質量**，最具代表性的例子就是使用「加速器」（accelerator）的實驗。所謂加速器就是將質子、電子等粒子加速到接近光速的加速裝置。日本位在茨城縣筑波市高能加速器研究機構（KEK）的「KEKB」加速器，過去也曾進行將電子和正電子（電子的反粒子※）加速至接近光速，使這些高速粒子碰撞的實驗（2010年停止運行）。

電子和正電子（positron）都是質量很輕的粒子（質量約9.1×10^{-31}公斤，約質子質量的1800分之1）。將質量很輕的電子和正電子加速至接近光速，使之擁有極大的動能。結果，電子和正電子所擁有的全部能量（質量所具之能量和動能加總）非常龐大。

當擁有龐大能量的電子和正電子（陽電子）碰撞，電子和正電子（陽電子）消滅，新產生的粒子是「B介子」（B meson）和「反B介子」（anti-B meson，B介子的反粒子），這二種粒子的質量約是電子的1萬倍（右邊插圖）。

能量的合計值
既未增加也未減少

質量輕的粒子對雖然蛻變成質量重的粒子對，但是橋本教授表示：**「碰撞前後的『合計值』不變」**。

「根據測定我們知道新生成之B介子的速度遠較碰撞之電子的速度慢很多，這是質量小卻有極高動能的電子轉變成質量大卻僅有極小動能的B介子。我們可以說，碰撞前和碰撞後的粒子，其所具之質量與動能的合計值並未改變，改變的僅是不同能量間的比率而已」（橋本教授）。

※：粒子和反粒子的質量、生命期、自旋等性質相同；但是電荷、磁矩等性質則相反。以電子為例，電子所帶電荷為－1，電子的反粒子是正電子，所帶電荷是＋1。正電子也稱陽電子、正子、反電子。

碰撞的動能轉變為質量

插圖所繪為在SuperKEKB加速器進行的電子與正電子碰撞實驗之情形。在插圖中，僅繪出1個電子與1個正電子的碰撞，但實際上是兩者皆以數百億個的集團（粒子束）的形式發生碰撞。

碰撞時，讓電子的能量（速度）比正電子的能量稍微大一點，使碰撞後產生的粒子能夠朝電子的行進方向飛去。各粒子所示的能量為質量的能量與動能加總的總能量。

加速器的全貌

這是位在日本茨城縣筑波市KEK的加速器航空照。KEKB加速器已經過改良，現在成為SuperKEKB加速器。照片上面的環狀設施是「主環」（main ring）設施（1圈約3公里）；位在左下的直線狀設施是「直線加速器」（linear accelerator），兩加速器皆設置在地底下。

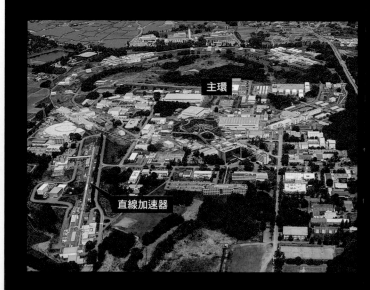

主環

直線加速器

進化的「B介子工廠」

KEKB加速器的「B」是B介子的「B」。因為KEKB加速器可有效率地生成B介子，因此也被稱為「B介子工廠」（B-Factory）。電子和正電子在長約600公尺的直線加速器被加速到接近光速，然後再進入 1 圈約 3 公里長的環狀管（主環）中。右邊照片是主環的一部分。電子和正電子分別在不同的管道，且兩者以相反方向繞行，最後在既定的位置發生碰撞。

KEKB加速器在2010年停止運行後已經過改良，蛻變成碰撞頻率（亮度，luminosity）提高40倍以上的SuperKEKB加速器。

註：電子伏特（eV）是一種能量的單位，代表 1 個電子經過 1 伏特（V）的電壓（電位差）加速後所獲得的動能。

電子
質量：約9.1×10^{-31}公斤
速度：接近光速
能量：約70億電子伏特

正電子（陽電子）
質量：約9.1×10^{-31}公斤
速度：接近光速
能量：約40億電子伏特

反B介子
質量：約9.4×10^{-27}公斤
速度：約光速的40％
能量：約55億電子伏特

B介子
質量：約9.4×10^{-27}公斤
速度：約光速的40％
能量：約55億電子伏特

太空船的速度越快就變得越「重」

當物體的移動速度變得越快時，時間進程變得越慢，同時看起來長度收縮（請參考第 3 章）。舉例來說，以光速之50％（每秒約15萬公里）速度

行進的太空船，與在靜止狀態時相較，時間進程大約延緩至87％，同時在行進方向的長度也收縮至僅靜止時的87％。

根據相對論的說法，其實除

了這些變化之外，太空船的重量也會改變。例如：**以光速之50％速度行進的太空船，其質量與靜止時相較，大約變重至1.16倍。**

隨著速度越來越接近光速，物體突然變重

假設在靜止狀態下的太空船（左邊）質量為100公噸，全長為100公尺。隨著移動速度的增加，太空船的質量也會變大（變得不易移動），全長看起來縮短了而時間進程也變得緩慢。

在各速度太空船的「時間」項目中所看到的時間，係指靜止狀態的太空船經過 1 秒時，以各種不同速度行進的太空船究竟經過幾秒。此外，將太空船的視質量（apparent mass，移動的不易程度）以鉛球的大小來表現。

速度：光速的0％（靜止）
質量：100公噸
全長：100公尺
時間：1秒

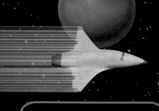

速度：光速的50％
質量：約116公噸
全長：約87公尺
時間：約0.87秒

因為會變得無限重，所以速度無法達到光速

當物體的移動速度越接近自然界的最高速度 — 光速時，就會突然變重（右頁圖表）。舉例來說，以光速之99.99999％行進的太空船，會變重為約靜止時的2240倍（下面插圖）。

太空船變重究竟代表什麼樣的意義呢？「正確來說，當速度越提越高時，太空船就變得越來越不容易移動了。也就是加速、減速或是改變方向等動作，變得不容易操作了。因為物體越重（質量大）越不容易移動，所以高速移動的太空船外表看起來就變重（質量大）了」（橋本教授）。

隨著太空船的移動速度變快，到後來會演變成即使想加速，速度也提不上來。最後，超過某速度以上時，就無法加速了。這個速度的「屏障」（上限）就是光速。

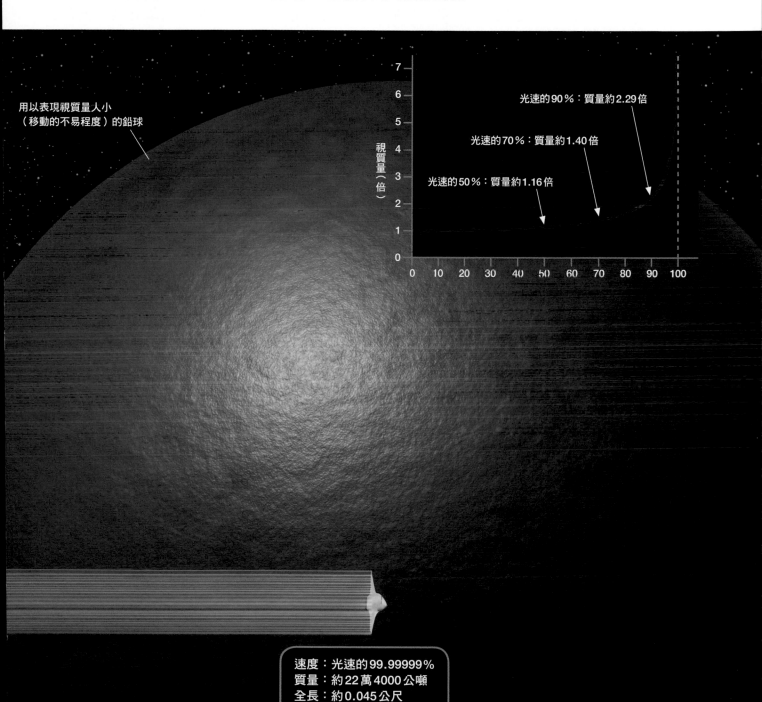

用以表現視質量大小（移動的不易程度）的鉛球

視質量（倍）

光速的90％：質量約2.29倍

光速的70％：質量約1.40倍

光速的50％：質量約1.16倍

速度：光速的99.99999％
質量：約22萬4000公噸
全長：約0.045公尺
時間：約0.00045秒

輕與重會因觀察者的立場而改變

因為高速移動而增加的視質量，在減速之後會變何種情況呢？有人也許誤以為高速移動而增加的質量會固定在物體上，即使減速也會維持原狀（不會減少），但其實隨著移動速度的下降，質量也會減少，最後恢復原狀。每當車子或是捷運開動時我們的體重就增加……，像是這樣的事當然不會發生。

嚴格來說，「質量」與「重量」是不同的

在此之前，我們並未區分「質量」與「重量」的用法，但是嚴格來說，這二者是有差別的。**所**謂「質量」（mass）可以說是表示「物體不易移動之程度」的量。而「重量」（weight）則是表示施加在物體上之「重力大小」的量。

舉例來說，在地球上比較鉛球和網球，很明顯的就是鉛球比較重。施加在兩者的重力大小，只要將它們分別吊在彈簧上來看即可明白。因為鉛球所承受的重力較大，所以彈簧拉得比較長（左下插圖）。

另一方面，若將這二顆球拿到無重力空間（國際太空站等），兩者都會浮在空中，也就是「重量為零」。即使將它們掛在彈簧上，球都不會被拉往任何方向，所以彈簧也沒有伸展。但是如果去推這二顆浮在空中的球的話，就會發現鉛球不太會動，但是網球很容易就移動了（左下插圖），這是因為鉛球的「質量（移動的不易程度）比較大」的緣故。

以上就是「質量」和「重量」的嚴謹差別。不過，因為質量越大，所承受的重力越大，重量也越重，所以在我們日常生活中（地球上），基本上沒有必要特別區別質量與重量的差異。因此本篇文章，也採慣用的「質量大＝重量重」來表現。

「嚴謹來說，質量本來就是指靜止時的不易移動程度。根據該定義，質量是物體固有的，即使運動也不會改變。不過，當物體以接近光速之速度運動時的不易移動程度，不管說是質量變大或說是變重也好，我想一般來說應該都沒有問題」（橋本教授）。又，因速度而改變的視質量，我們又稱之為「相對論性質量」（transverse and longitudinal mass）。

視質量的大小也因立場而改變

就像前面幾章內容中所介紹的，不管是時間進程變遲緩，或是空間收縮，都會依觀測者的立場而改變。而視質量（移動的不易程度）的大小也跟時間和空間一樣，很容易就依觀測者的立場而改變。

以光速的99.99999％行進的太空船，看起來質量好像增為靜止狀態的2240倍。但是，從以與該太空船相同速度（光速的99.99999％）並排行進的另一艘太空船來看，因為太空船看起

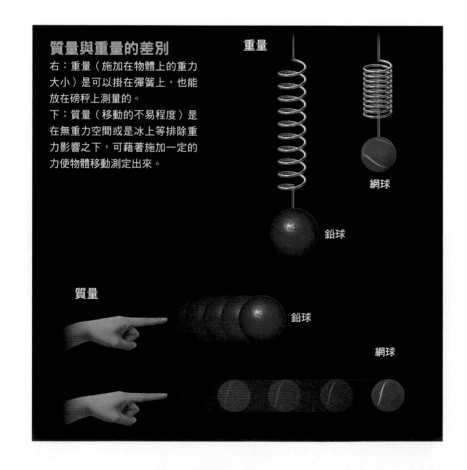

質量與重量的差別

右：重量（施加在物體上的重力大小）是可以掛在彈簧上，也能放在磅秤上測量的。
下：質量（移動的不易程度）是在無重力空間或是冰上等排除重力影響之下，可藉著施加一定的力使物體移動測定出來。

重量

網球

鉛球

質量

鉛球

網球

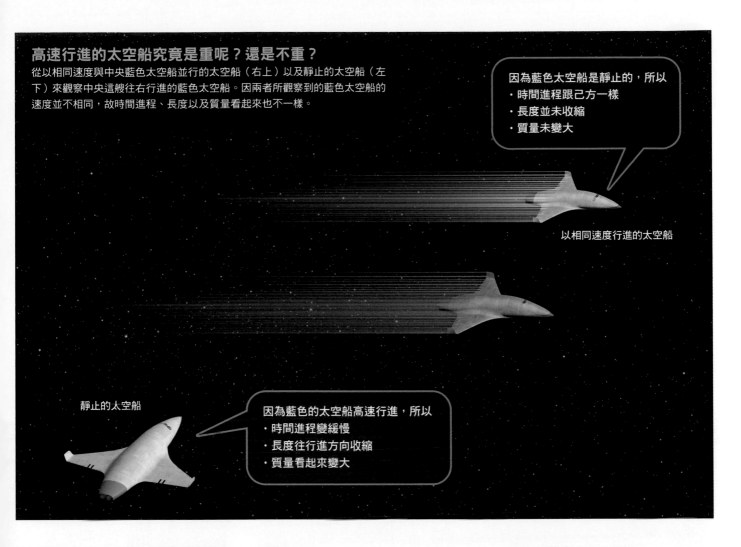

高速行進的太空船究竟是重呢？還是不重？

從以相同速度與中央藍色太空船並行的太空船（右上）以及靜止的太空船（左下）來觀察中央這艘往右行進的藍色太空船。因兩者所觀察到的藍色太空船的速度並不相同，故時間進程、長度以及質量看起來也不一樣。

因為藍色太空船是靜止的，所以
· 時間進程跟己方一樣
· 長度並未收縮
· 質量未變大

以相同速度行進的太空船

靜止的太空船

因為藍色的太空船高速行進，所以
· 時間進程變緩慢
· 長度往行進方向收縮
· 質量看起來變大

來就像是靜止一般，所以完全看不出該太空船變重的樣子（右頁插圖）。

高速移動時，重力也會變強

質量還有另一個重要性質，這就是它會成為「重力場源」。質量越大的物體，會有越大的重力作用於周圍空間。由於所有物體都有與其質量相應的重力作用互相吸引，所以該重力（gravity或gravitation）也稱為「萬有引力」（universal gravitation）。

再者，在高速移動而變重的太空船周圍，會因為變重的這部分質量而使得重力作用變大嗎？橋本教授表示：「**當物體高速移動時，作用在周圍空間的重力的確**

變強。」

倘若高速移動就會使重力變強的話，那麼以上面插圖中這2艘以相同速度高速行進的太空船為例，在這2艘太空船之間應該會有很強的重力作用而彼此吸引，最後就相撞了。然而，這卻是極大的誤解。

「重力強度也會因觀察者的立場而改變。從並行前進的太空船來看，對方是靜止的，所以跟處於靜止狀態時相較，重力完全沒有變強。另一方面，從靜止的太空船來看，高速移動的這2艘太空船有極強的重力施於周圍空間，所以2艘太空船間的引力變強。不過，同時這2艘太空船會變得極不容易移動，所以不會那麼容易接近。結果，與靜止

狀態時相較，容易接近的程度是一樣的」（橋本教授）。

成為重力場源的不是質量而是能量

相對論（廣義相對論）中說明重力的本質就是具質量物體在其周圍所形成的「時空扭曲」（請參考第4章）。橋本教授表示：「使時空發生扭曲，對周圍產生重力作用的，正確來說並不是『質量』而是『能量』。」越是高速運動，物體所具的能量增加。該能量有時看起來是質量，有時是使時空發生扭曲的重力場源。

何謂能量 (E)

我們體重的98%是動能！

動 能（kinetic energy）、熱能（thermal energy）、電能（electrical energy）、化學能（chemical energy）、核能（nuclear energy）等，能量的形式林林總總。**所謂能量可以說就是「物體作功的能力」。**

舉例來說，高速飛行的球具有動能，當它撞擊到玻璃時，玻璃會碎裂。燒紅的煤炭具有熱能，能將肉烤熟。

相對論闡明的第三能量

乍看之下，能量的種類似乎有很多種，但其實大致可以分為3種。這3種就是「**動能**」、「**位能**」和「**質能**」（**mass energy**），請看下面插圖所示。

所謂的動能，誠如其名所示，就是運動物體所具的能量。運動速度越快，所擁有的動能越大。

所謂位能，就是系統的位置能量。例如，貯存在山上水庫中的水與貯存在山腳下水塘中的水相較，擁有較大的位能。使用該位能就能進行水力發電（藉由水從水壩衝出的流勢轉動發電機）。

而所謂質能，就是物體所具與質量（靜止時的不易移動程度）相應的能量。**用來求出該質能的公式就是「$E=mc^2$」。**

縱然某物體完全沒有運動（動能為零），更是位在極低的位置（位能為零），但是只要擁有質量就蘊藏了莫大的能量。在愛因斯坦的相對論尚未推導出「$E=mc^2$」這個公式之前，

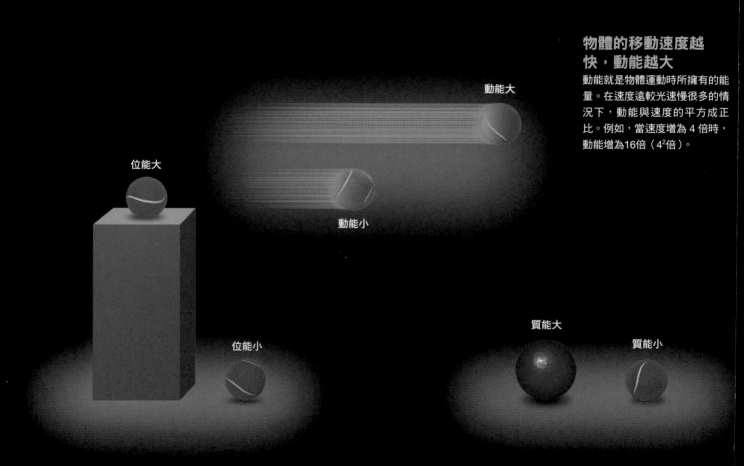

物體的移動速度越快，動能越大
動能就是物體運動時所擁有的能量。在速度遠較光速慢很多的情況下，動能與速度的平方成正比。例如，當速度增為 4 倍時，動能增為16倍（4^2倍）。

物體的位置越高，位能越大
物體因與基準位置（例如：地面）之差距而擁有的能量。位在某高度之物體的位能相當於將該物體拉舉到該高度所需要的能量。

物體越重，質能越大
物體相應質量大小所擁有的能量。與物體的材質無關，例如同樣都是1公斤，不管材質是鐵還是橡膠，所具有的質能是一樣的。

大家都想像不到物體竟然蘊藏了這樣的能量。質能是愛因斯坦闡明其存在的能量。某物體所擁有的所有能量是上述這3種能量的合計值。

將物體加熱，質量就會增加！

位能可以轉換為動能，動能能夠轉換為質能，這3種能量是可以互相「轉換」的。「跟其他能量相較，質量也不是什麼特別的東西，不過就是能量的一種形態而已。亦即某物體所具有的能量，有一部分是以質量的形式讓我們看見」（橋本教授）。

一般人往往誤以為能量變化以質量變化的形式出現，只發生在高速行進之粒子或是太空船這些非日常的世界，其實在我們的日常生活中也會發生。舉例來說，將鉛球加熱到攝氏數百度，僅是外部所追加的能量（熱能），就會使鉛球的重量稍微變重一點。即使除去表面氧化，氧之質量所造成的影響，鉛球本身的質量還是會增加。不過，質量增加的部分非常少，只有1兆分之1左右，想要實際測定極為困難。

質子中之基本粒子質量僅占總質量的2%

物體所具能量究竟是以動能的形式還是以質能的形式讓我們看見，會因為觀測物體的立場而改變。該實例就在於構成我們身體的原子。

我們的身體是由碳、氧、氮等各種不同種類的原子所構成。原子是由電子和原子核所組成，原子核又是由質子和中

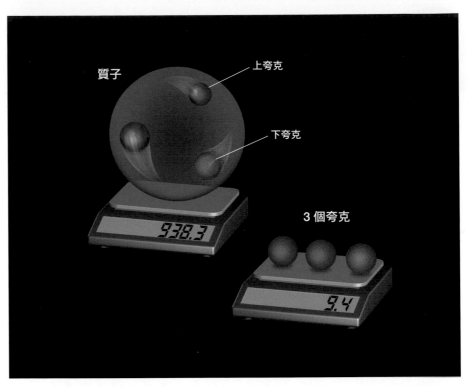

質子的「材料」質量僅占全體的極小部分
插圖所示為質子的質量和構成質子之三個夸克的質量。磅秤所顯示的質量值單位是「MeV」。又，事實上無法像插圖這樣將夸克單獨取出。

子所組成（氫原子只有質子）。質子又是由屬基本粒子之2個「上夸克（up quark）」和1個「下夸克（down quark）」組成。所謂基本粒子就是構成物質的最小單位，再也無法分割。

質子的質量約1.7×10^{-27}公斤，若換算成能量大約是938.3MeV（MeV是mega-electron-volt＝百萬電子伏特）。另一方面，質子的構成要素：2個上夸克和1個下夸克的質量加總換算成能量的話，大約僅有9.4MeV。若根據單純計算，大約僅質子能量的1%。

三個夸克在質子內部以接近光速的速度繞行，擁有極大的動能。**測量質子的質量時，包含這些夸克之動能在內的所有能量都會以質量的形式被測量出來。**「測量質量時，原本應該是測量靜止狀態時的不易移動

程度，但是原理上無法將一個個的夸克取出來測量質量（能量），因此以其他的方法決定了相當於質量的值。不過，該值會因所採用的方法不同而有很大的差異。目前以三個夸克的質量合計值約是質子質量的2%的說法最多」（橋本教授）。

也就是說，即使將我們的身體細分割到基本粒子層級，基本粒子的質量也僅占體重的2%左右（若體重60公斤的話，約120公克）而已。占體重之98%的質量，是因基本粒子高速飛行所產生的。

光與
$E=mc^2$

將光封閉在盒中，盒子變重！

「$E=mc^2$」是將質量轉換成能量的公式。倘若右邊的質量（m）為零的話，當然左邊的能量（E）應該也為零。因為光的（電磁波）質量為零，所以根據此公式來看，光的能量似乎為零，然而這卻是極大的誤解。雖然光的質量為零，但卻具有能量。進入我們眼中的光，會有炫目的感覺，這是因光的能量刺激視網膜的感覺細胞之故。

倘若質量為零的話，就能以光速行進

那麼，質量為零的光，其能量究竟是如何求出來的呢？「$E=mc^2$」這個公式是在物體靜止時（速度為零）的質能轉換公式，因為光一直是以每秒約30萬公里的速度行進，所以並不適用此公式。

根據相對論，以某速度（v）運動之物體的能量，可用下列式子求出。

$$E=\frac{mc^2}{\sqrt{1-\left(\frac{v}{c}\right)^2}}$$

這是用以求出物體之所有能量（包括質量的能量和動能）的式子[※1]。若在該式表示速度（v）的地方以零代入，右邊的分母就為1，於是就會得到「$E=mc^2$」這個算式。

從這個式子可以明白，隨著物體的速度（v）變大，右邊的分母值變小。隨著速度（v）越來越接近光速（c），左邊的能量也逐漸變大。

假設速度（v）一直增加至光速（c）時，能量的值似乎就變成無限大了。不過，也有即使速度為光速，但是能量卻非無限大的情形，就是當質量（m）為零時。雖然不是非常嚴謹的計算，但是即使速度為光速，只要質量為零，因為右邊是「$0\div0$」，所以能量不會無限大，而會是某個有限的值。

求光所具之能量的式子與前面介紹過的算式不同，必須採用下面算式。

$$E=h\frac{c}{\lambda}$$
（h：普朗克常數，λ：光波長）

這是求1個「光子」（光的最小單位，photon）的能量是多少的算式。光的波長越短，光子所具能量越大。所謂普朗克常數（Planck constant；Planck's constant）是將光速除以光波長所得到的值，換算成能量時所使用的係數。

當光通過時，時空扭曲產生重力

雖然光的質量為零，但是卻具有能量，聽起來實在不可思議。現在，各位想想下面狀況。這裡有個盒子，倘若將沒有質量的光（光子）封閉在盒中，盒子的質量是否會發生變化呢？

橋本教授表示：「將光封閉在盒中，盒子的整個質量就會增加。所以倘若能夠精密測量質量的話，應該就會明白封閉著光的盒子變重了一點點」（左邊插圖）。

此外，在103頁中我們介紹過，正確來說，導致產生重力的並非「質量」而是「能量」。若果真如此的話，因為光具有能量，所以只要有光，其周圍應該就會有重力作用（時空扭曲）囉？

「只要有光，時空受到扭曲，周圍就會有重力作用。不過，這個作用非常微弱，並非是能夠測量得出的強度」（橋本教授）。所有物質都因為萬有引

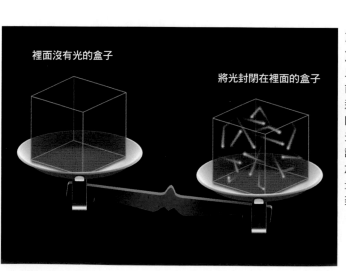

裡面沒有光的盒子

將光封閉在裡面的盒子

測量封閉著光的盒子質量
比較將光封閉在盒子以前（左邊）和以後（右邊）的質量，結果是封閉後的質量較大。僅是光的能量這部分就足以讓整個盒子的質量增加，而能量的增加以質量增加的形式被觀測到。

為什麼質量乘上光速的平方，就能換算成能量呢？

愛因斯坦在1905年9月發表的論文中，展示了推導出質能轉換公式「$E=mc^2$」的計算過程[※2]。在此，我們將該過程稍加簡化來介紹。

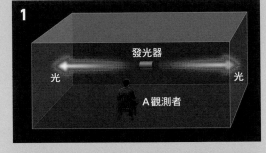

1

發光器

光　　　　　　　　光

A觀測者

箱中有個發光裝置（發光器），假設這個發光器往兩側放出相同強度的光（右邊插圖1）。那麼，位在箱中的A觀測者就會看到右圖的情形。

另一方面，B觀測者從箱外觀測相同現象（右邊插圖2）。從B觀測者的立場來看，箱子以迅疾的速度朝身前移動。B觀測者會看到從發光器發出的光往身前方向斜斜前進。

再者，假設A觀測者所觀測到「從發光器往左右發出之光的總能量」為E，而B觀測者所觀測到從發光器往左右發出之光的總能量為 $E \times \dfrac{1}{\sqrt{1-\left(\frac{v}{c}\right)^2}}$，看起來是**增加了**（在光速不變原理和相對性原理的前提下，不僅是時間和空間的長度，就連能量也必須依立場的不同而改變）。

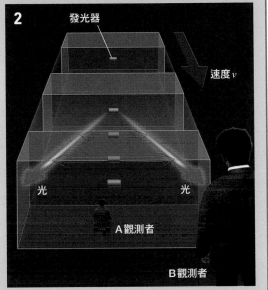

2

發光器

速度v

光　　　　　　　　光

A觀測者

B觀測者

於是，假設將A觀測者看到的發光器總能量設為發光前（A前）和發光後（A後）；B觀測者所看到的發光器總能量同樣也設為發光前（B前）和發光後（B後），那麼可以表示如下：

$$A_前 - A_後 = E$$
$$B_前 - B_後 = E \times \dfrac{1}{\sqrt{1-\left(\frac{v}{c}\right)^2}}$$

因此，B觀測者所看到的「發光器動能」是「B觀測者所看到之發光器總能量」減去「發光器的內在能量（內能）」，亦即減去「A觀測者所看到之發光器的總能量」。換句話說，

發光前之發光器動能＝$B_前 - A_前$ ……①

發光後之發光器動能＝$B_後 - A_後$ ……②

因此，只要求①－②的答案，即可得知**「光放光所損失的發光器動能」**大小。

①－②＝（$B_前 - A_前$）－（$B_後 - A_後$）＝（$B_前 - B_後$）－（$A_前 - A_後$）

$$= E \times \dfrac{1}{\sqrt{1-\left(\frac{v}{c}\right)^2}} - E = E\left(\dfrac{1}{\sqrt{1-\left(\frac{v}{c}\right)^2}} - 1\right) \fallingdotseq E\left(1 + \dfrac{1}{2}\left(\frac{v}{c}\right)^2 - 1\right) = \dfrac{1}{2}\left(\dfrac{E}{c^2}\right)v^2$$ 　　註：以級數展開此數學手法取近似值c^2

由此可知，此與質量m的物體以速度v行進時的動能－$\dfrac{1}{2}mv^2$是相同形式，由於v是固定的，故動能變化僅需考慮**發光器之質量減少$\dfrac{E}{c^2}$即可**。以算式表示的話就是$m=\dfrac{E}{c^2}$。若以不帶分數的形式來表示，即為「$E=mc^2$」。

※1：將此算式以上面專欄中算式的方法，使用級數展開求近似值的話，就會變成$E \fallingdotseq mc^2 + \dfrac{1}{2}mv^2$，由此可確認同時具有靜止時的能量和動能。

※2：現在$E=mc^2$這個式子若利用「動量」概念，可用更簡單的計算來證明。

力而相吸，其實應該說是光與光的互相吸引。

相對論顛覆時空與能量的常識

在愛因斯坦發表相對論以前，大家都認為時間的進程、空間的大小、物體的質量、該物體對周圍所產生的重力強度等，不管任何人來看（測定）都是一樣的，也不會變化。但是，相對論闡明這些都是會依立場而變的「相對性」概念。

這些發現帶來了探索物質和力之根源的「基本粒子物理學」，以及探索宇宙之形成和結構的「宇宙論」發展。而時間和空間的長度會因人而異的這個事實，讓我們對世界的看法有了顛覆性的轉變。

從相對論衍生出來的現代物理學

7

自 1905年起，愛因斯坦陸續發表了融合時間與空間以及重力的革命性理論。其後，又從相對論發展出探究物質及力之根源的「基本粒子物理學」、追究宇宙誕生與演化的「宇宙論」等。此外，相對論與我們的生活息息相關，在第 7 章中，讓我們來看看邁向相對論之現代物理學和科學技術等方面的發展。

監修　二間瀨敏史
協助　齊藤英治／福谷克之

藉 $E=mc^2$
闡明太陽的能量來源

愛因斯坦最著名的質能公式「$E=mc^2$」意味著質量與能量在本質上是相同的東西。舉例來說，1公克的物體全部轉換成能量的話，利用「$E=mc^2$」這個算式計算出來的數值竟然高達21兆6000億卡。該能量相當於可把滿滿1座東京巨蛋（約10億公升）的水，從攝氏20度加熱到40度。

1938年，發現如何將源自質量之龐大能量釋放出來的具體方法，這就是「核分裂反應」（nuclear fission）。令人遺憾的是，人類竟先將此龐大能量應用在武器，直到1951年才應用到和平的用途，這就是「核能發電」（左下插圖）。核能發電廠就是讓一種稱為「鈾-235」（uranium-235）的物質發生「核分裂反應」，讓減少的一點

比較反應前（1個鈾-235的原子核和1個中子）與反應後（1個碘-139的原子核和1個釔-95的原子核和2個中子）的質量，結果反應後質量僅比反應前質量大約減輕0.08%。相對的，平均每一次反應都釋放出$7.6×10^{-12}$卡路里的能量。

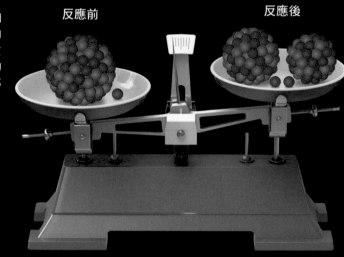

反應前　　　反應後

中子

鈾-235的原子核

核分裂反應所產生的能量

釔-95的原子核

碘-139的原子核

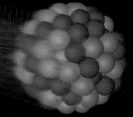

中子

中子

鈾的核分裂反應與 $E=mc^2$

原子核是由質子與中子所構成。當1個中子去碰撞鈾-235的原子核而被吸收了之後，鈾-235的原子核會變得不穩定，而分裂成2個較輕的原子核。此時，便會釋放出龐大的能量。

分裂之際會釋放出新的中子，該中子又去碰撞其他的鈾-235原子核，於是核分裂反應就會連鎖產生。該連鎖反應爆炸性發生的就是原子彈※，而該反應受到嚴謹管理和設計，核分裂反應平穩進行的是核能發電。

※：廣島型原子彈的燃料是鈾、長崎型原子彈的燃料是鈽。

點質量全部轉換成能量（熱），熱能最終被轉換成電能。

「$E=mc^2$」更是**將「太陽發出耀眼光芒的機制」之謎也解決了**。在20世紀以前，有關太陽發光的機制一直都充滿謎團。當時的地質學家認為地球年齡至少已有數十億歲了。但是，假設整個太陽質量都是煤炭，經計算，大約經過數千年就會全部燃盡，這樣的話，太陽壽命實在太短了。那麼，太陽究竟是以什麼為燃料呢？

這個難題從狹義相對論得到解答。太陽中心是由氫氣所構成，處於約攝氏1500萬度、約2500億個大氣壓的超高溫、超高壓狀態。在這樣的環境下，**4個氫原子核以猛烈之勢碰撞、融合，引發產生氦原子核的反應**。發生在太陽內部的這種反應稱為**「核融合反應」**（右下插圖）。此時，**反應前和反應後的質量相較，反應後的質量只比反應前約輕了0.7％**。不過卻因為「$E=mc^2$」，而產生了非常龐大的能量。如此一來，太陽在這數十億年以來可以一直持續發光。因此，太陽燃燒機制的難題也獲得解決。

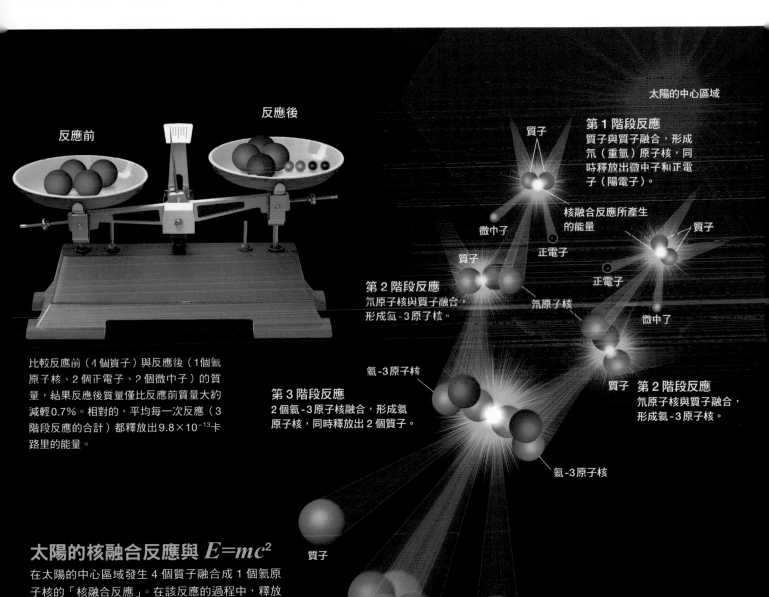

反應前

反應後

太陽的中心區域

第1階段反應
質子與質子融合，形成氘（重氫）原子核，同時釋放出微中子和正電子（陽電子）。

質子

微中子

核融合反應所產生的能量

正電子

質子

第2階段反應
氘原子核與質子融合，形成氦-3原子核。

質子

正電子

氘原子核

微中子

比較反應前（4個質子）與反應後（1個氦原子核、2個正電子、2個微中子）的質量，結果反應後質量僅比反應前質量大約減輕0.7％。相對的，平均每一次反應（3階段反應的合計）都釋放出$9.8×10^{-13}$卡路里的能量。

氦-3原子核

第3階段反應
2個氦-3原子核融合，形成氦原子核，同時釋放出2個質子。

質子 第2階段反應
氘原子核與質子融合，形成氦-3原子核。

氦-3原子核

質子

太陽的核融合反應與 $E=mc^2$

在太陽的中心區域發生4個質子融合成1個氦原子核的「核融合反應」。在該反應的過程中，釋放出非常龐大的能量。

又，實際上就像插圖所繪一樣，發生了主要可分為3個階段的反應。就整體而言，本質上就是由4個質子合成出1個氦原子核。

氦原子核

質子

即使是原子核內部，
也有狹義相對論原理的作用

「**這**」個世界究竟是由什麼所構成的呢？」挑戰這個偉大之謎的學問就是**「基本粒子物理學」**（elementary particle physics）。對基本粒子物理學而言，狹義相對論也是不可或缺的存在。

我們的身體是由碳、氧這些「原子」（atom）所構成。如果將這些原子放大來看，會發現所有各種不同種類的原子全都是由「質子」（proton）、「中子」（neutron）和電子（electron）所組成。**更進一步窺探質子和中**子內部，就會發現它們是由稱為**「上夸克」**（up quark）和**「下夸克」**（down quark）的**「基本粒子」**（elementary particle）**所構成**。基本粒子就是無法再分割之構成物質的最小單位。又，電子也是基本粒子。

將被封閉在質子內部的
能量換算成質量！

構成我們身體的原子是由原子核和電子組成的，原子核又是由質子與中子所構成。而質子和中子又是由「上夸克」和「下夸克」構成的。夸克與夸克是藉由稱為「強力」的力來連結。我們可以藉由測定外在的質量來獲知源於強力的能量和夸克本身的動能。

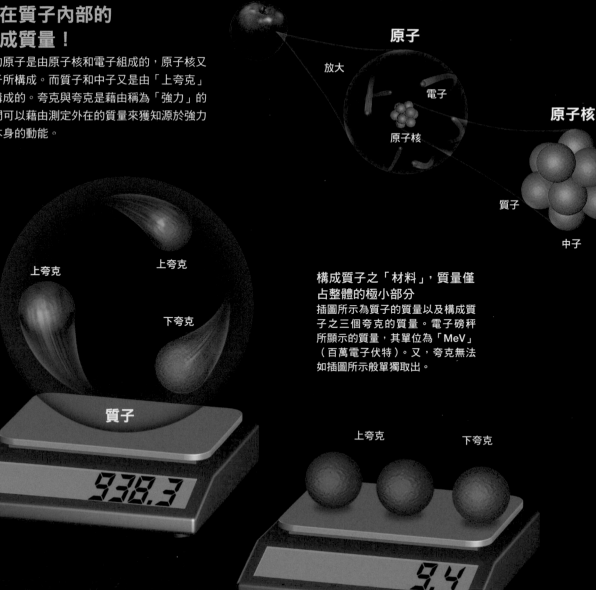

原子

放大

電子

原子核

原子核

質子

中子

上夸克

上夸克

下夸克

質子

938.3

構成質子之「材料」，質量僅占整體的極小部分
插圖所示為質子的質量以及構成質子之三個夸克的質量。電子磅秤所顯示的質量，其單位為「MeV」（百萬電子伏特）。又，夸克無法如插圖所示般單獨取出。

上夸克　　　　下夸克

9.4

據研究，上夸克的質量大約是電子的 5 倍，下夸克的質量約是電子10倍。質子是由 2 個上夸克和 1 個下夸克所組成，若以加法計算，質子的質量照理說應是電子的20倍左右（5＋5＋10）。然而，**質子的質量約是電子的1850倍。換句話說，夸克質量大約僅是質子質量的1%左右**。那麼，質子另外那99%的質量究竟是從哪裡來的呢？

根據研究，質子99%質量的來源就是夸克的動能以及連結夸克與夸克之「強力」（strong force，也稱強核力〔strong nuclear force〕）所帶來的能量。強力具有「越是想要將夸克彼此拉開，拉緊的力變得越強」的性質。換句話說，構成質子的 3 個夸克就像是被用彈簧連結起來一般。因為強力的關係，3 個夸克可以連結在一起，以質子的

形態存在。

再者，儘管夸克彼此因強力而連結在一起，但是它們還是以猛烈的速度運動著。**像這樣，質子內部有源於「強力」的能量，也有夸克本身所具的動能**。根據狹義相對論的公式「$E=mc^2$」能量與質量是等效的，所以**被封閉在質子內部的這些能量可以從外界所看到的質量來測定出來**。質子的99%質量就是能量的來源。

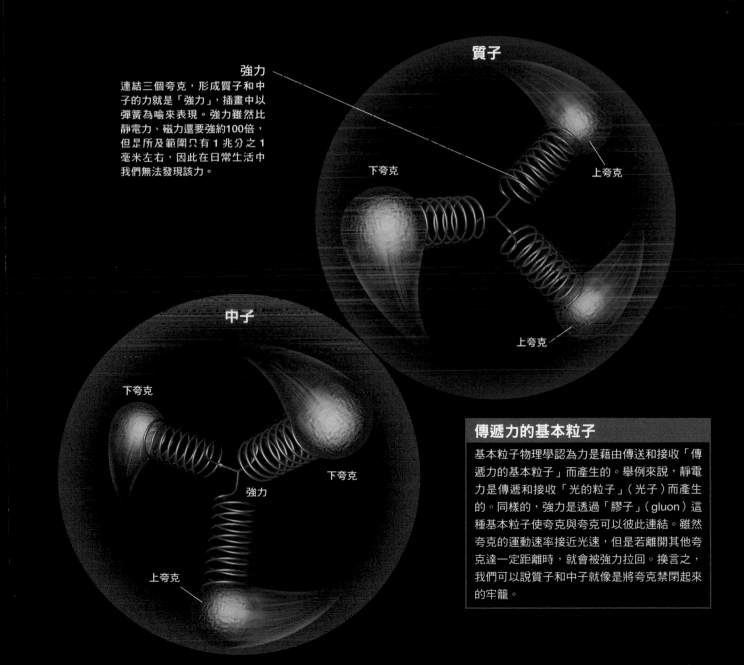

強力

連結三個夸克，形成質子和中子的力就是「強力」，插畫中以彈簧為喻來表現。強力雖然比靜電力、磁力還要強約100倍，但是所及範圍只有 1 兆分之 1 毫米左右，因此在日常生活中我們無法發現該力。

質子

下夸克

上夸克

上夸克

中子

下夸克

下夸克

強力

上夸克

傳遞力的基本粒子

基本粒子物理學認為力是藉由傳送和接收「傳遞力的基本粒子」而產生的。舉例來說，靜電力是傳遞和接收「光的粒子」（光子）而產生的。同樣的，強力是透過「膠子」（gluon）這種基本粒子使夸克與夸克可以彼此連結。雖然夸克的運動速率接近光速，但是若離開其他夸克達一定距離時，就會被強力拉回。換言之，我們可以說質子和中子就像是將夸克禁閉起來的牢籠。

根據狹義相對論，利用加速器製造出新的基本粒子

2012年，位在橫跨瑞士與法國邊界的「LHC」（大型強子對撞型加速器）藉由實驗發現了新的粒子。**這就是全世界的物理學家長年探索的「希格斯粒子」（Higgs particle）。**

LHC為環狀裝置，全長大約與台北捷運板南線長度差不多，達27公里。舉凡像LHC這樣的**「粒子加速器（加速器）」**，都是將粒子加速到接近光速，然後讓它們去撞擊靜止的標靶，或者是讓粒子彼此碰撞，進而調查基本粒子的行為。**在全世界最大的**加速器「LHC」的內部，藉由電磁力，能將質子加速到接近光速的99.9999991％。

當質子被加速到如此高速時，究竟會發生什麼樣的狀況呢？誠如在100頁中所看到的，**當質子被加速到接近光速時，其視質量**

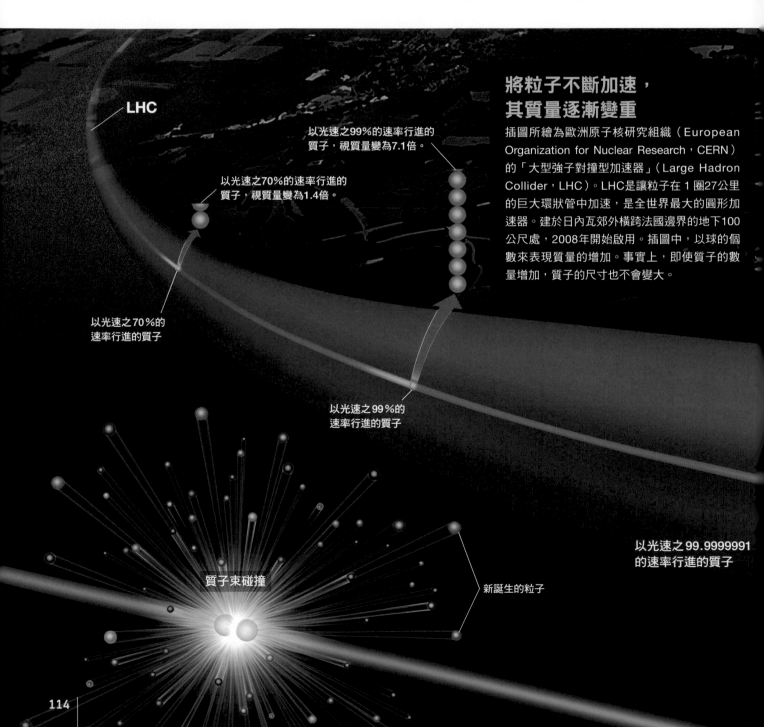

LHC

以光速之99%的速率行進的質子，視質量變為7.1倍。

以光速之70%的速率行進的質子，視質量變為1.4倍。

以光速之70%的速率行進的質子

以光速之99%的速率行進的質子

以光速之99.9999991的速率行進的質子

質子束碰撞

新誕生的粒子

將粒子不斷加速，其質量逐漸變重

插圖所繪為歐洲原子核研究組織（European Organization for Nuclear Research，CERN）的「大型強子對撞型加速器」（Large Hadron Collider，LHC）。LHC是讓粒子在1圈27公里的巨大環狀管中加速，是全世界最大的圓形加速器。建於日內瓦郊外橫跨法國邊界的地下100公尺處，2008年開始啟用。插圖中，以球的個數來表現質量的增加。事實上，即使質子的數量增加，質子的尺寸也不會變大。

（也稱表觀質量）會變重。舉例來說，質量 1 公克的物體，當其速度被加速到約光速的99％時，視質量大約變為7.1公克，**若加速到光速的99.9999991％時則變為約7.45公斤（下面插圖）**。質量變大亦即變得更不容易加速了。此外，質量變得越大，粒子也變得更不容易彎曲。因此，像LHC等加速器在計算時會將粒子質量變大這件事考慮在內，巧妙控制所施加的電磁力，讓粒子能夠適當加速，適切地在裝置內運行。

為什麼質子必須被加速到如此高的速度呢？最大的理由之一就是為了探求前所未見的未知基本粒子。**被加速到極速的質子彼此對撞，此碰撞能量會「產生原本不含於質子的新基本粒子，並往周圍飛散」的現象。**

能量與質量是等效的，所以被加速之質子所具有的能量轉換為質量，因此就產生新的大質量基本粒子了。經過這樣過程所新發現的其中一種基本粒子就是「希格斯粒子」。即使是現在，為了發現各式各樣的新粒子，LHC還在繼續執行許許多多的實驗。

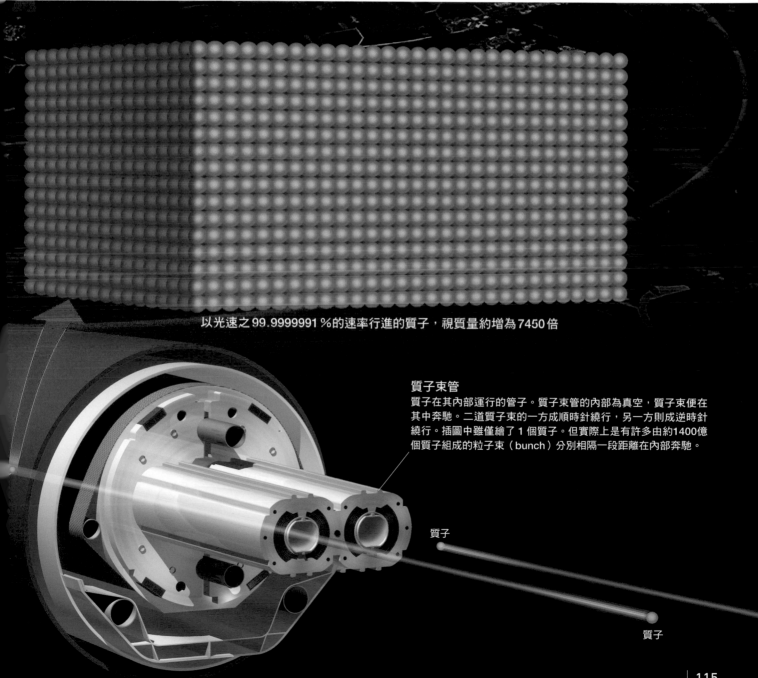

以光速之99.9999991％的速率行進的質子，視質量約增為7450倍

質子束管
質子在其內部運行的管子。質子束管的內部為真空，質子束便在其中奔馳。二道質子束的一方成順時針繞行，另一方則成逆時針繞行。插圖中雖僅繪了 1 個質子。但實際上是有許多由約1400億個質子組成的粒子束（bunch）分別相隔一段距離在內部奔馳。

質子

質子

利用狹義相對論效應，讓可用於窺探微觀世界的夢幻之光「同步輻射」得以實現！

2010年，小行星探測器「隼鳥號」（Hayabusa）從編號第25143的糸川小行星（Itokawa）帶回來的微粒子極為微小，大約只有數微米（1微米為1000分之1毫米）左右。但是科學家從這些微小的粒子中，成功獲得「糸川究竟是具有什麼樣性質的小行星」、「糸川是如何誕生的」等訊息。而掌握該分析之鑰的就是能夠用來窺探微觀世界的夢幻之光「同步輻射」（synchrotron radiation）。

使電子、離子等帶電粒子加速、減速或彎曲，就會輻射出光（電磁波），這就是「同步輻射」。 通常，同步輻射是朝各個方向呈球狀輻射（**1**）。但是，帶電粒子的速度越提高，就會發生同步輻射的方向被縮小在行進方向之極細窄區域的現象（**2**、**3**）。光的輻射範圍變窄，意味著只有該狹窄區域會被光照亮。**輻射出來之光的方向發生變化，是根據狹義相對論的現象。**

位在日本兵庫縣的大型同步輻射設施**「SPring-8」（Super Photon ring-8 GeV）是能夠將電子加速到光速之99.9999998％的圓形加速器。** 當電子的行進方向被電磁力所彎曲時，其所具的一部分動能就會以同步輻射的形式輻射出來。不過，這裡所說的光是一種電磁波，也就是波長非常短的「X射線」，**強度相當於太陽的100億倍**，是想要觀察微小物體時所不可或缺的明亮光源。

使用短波長的光，能夠看到更微小的東西。以光觀察物體時，會有無法超越的界限。亦即，比光波長更小的東西，原理上是無法觀察到的。舉例來說，我們肉眼能夠直接觀察到的光（可見光），其波長在360～830奈米（1奈米為10億分之1米）左右。原子的大小約0.1奈米，所以若透過利用可見光來觀察的「光學顯微鏡」，不管性能如何提高，都無法觀察到像原子這樣的結構。另一方面，X射線的波長大約是1皮米（pm）～10奈米（1皮米為1兆分之1米）。換句話說，**若使用X射線的話，原理上可以分辨原子尺度的微小物體。**

製造出亮度相當於太陽之100億倍的光

插圖所繪為日本兵庫縣播磨科學公園都市之「SPring-8」產生同步輻射的機制。當從外部施以磁力時，電子的行進方向便會發生彎曲，此際就會放出同步輻射。加速電子，使其速度接近光速，根據相對論效應，放出之同步輻射的範圍會變得非常狹窄，因此光就會變得極為明亮。

光的波長與物體大小

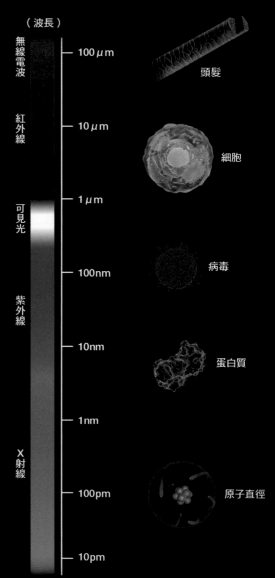

（波長）

無線電波	— 100μm 頭髮
紅外線	— 10μm 細胞
可見光	— 1μm
紫外線	— 100nm 病毒
	— 10nm 蛋白質
	— 1nm
X射線	— 100pm 原子直徑
	— 10pm

以光觀察物體時，究竟能看到多麼微細的東西是依光波長而定。可見光的波長大約360～830奈米左右，所以原理上無法觀察到比可見光波長更小的物體。但是若使用比可見光波長更短1000倍左右的X射線，可以看到細小微物，就連一個個原子都可以分辨清楚。

1. 速度十分緩慢之電子發生彎曲時的情形

電子通道

行進軌跡被磁鐵
所彎曲的電子

速度緩慢的電子

同步輻射呈球狀放射出來

SPring-8是周長約1.5公里的加速器，在環狀管中可以將電子
加速到光速的99.9999998%。當電子彎曲時，就會產生非常
強烈的「同步輻射」（X射線）。SPring-8使用該同步輻射進
行各式各樣的研究。

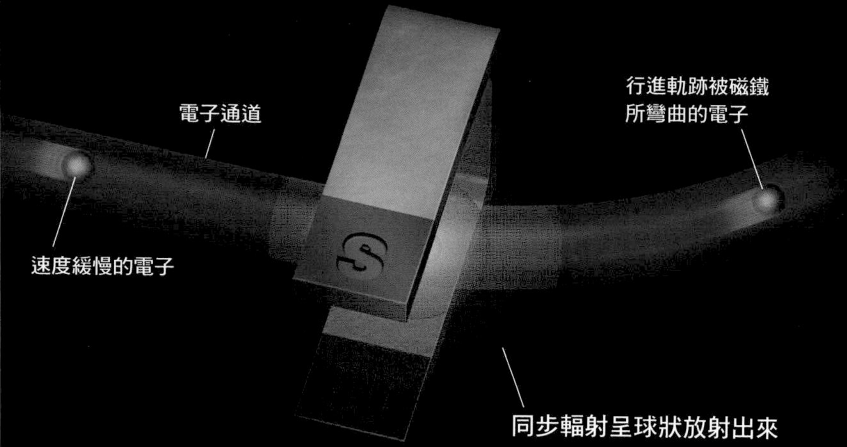

2. 速度快速之電子發生彎曲時的情形

速度快速的電子

同步輻射的放射範圍偏向前方

3. 以接近光速行進之電子發生彎曲時的情形

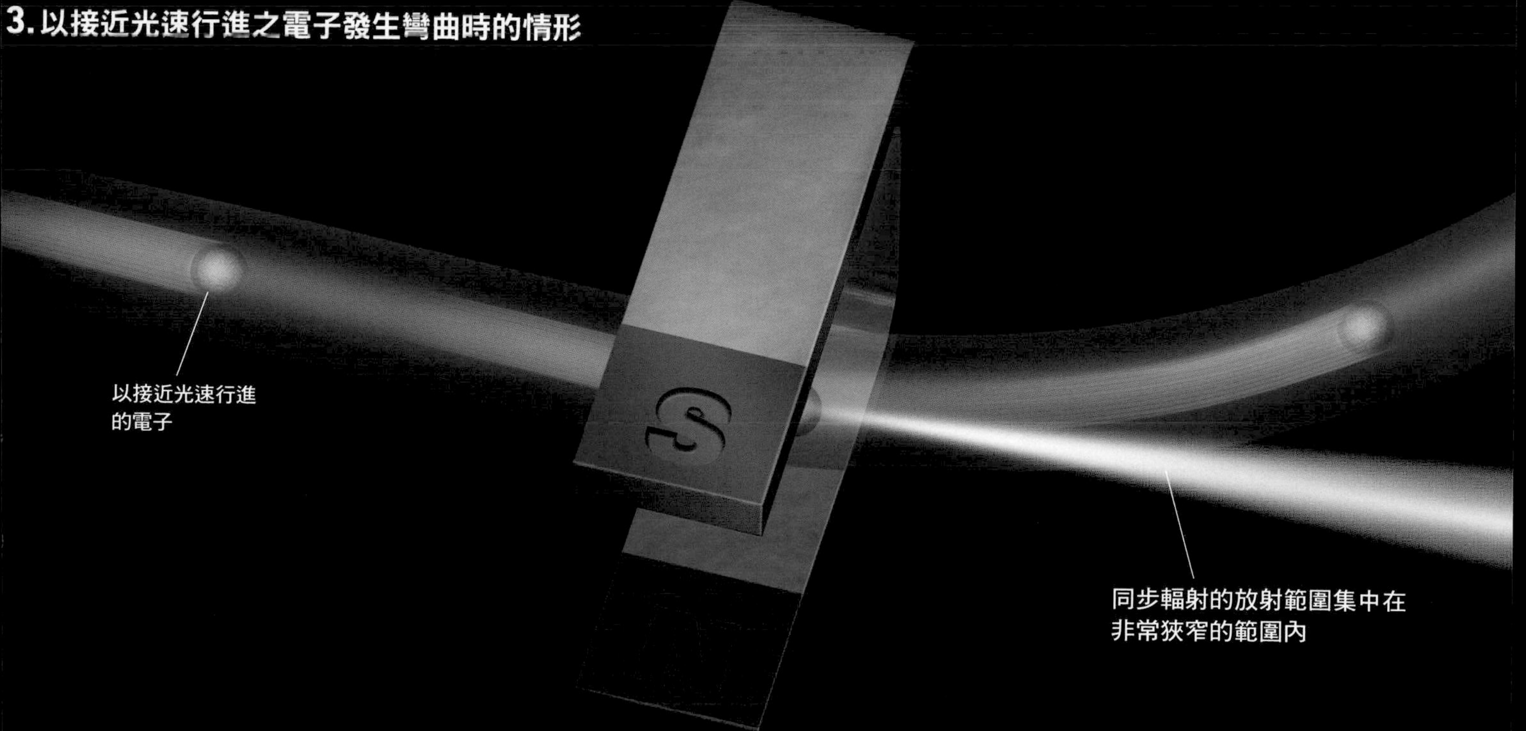

以接近光速行進
的電子

同步輻射的放射範圍集中在
非常狹窄的範圍內

從狹義相對論發展出來的理論預言反粒子的存在

從20世紀初葉到中葉，隨著原子、原子內部結構之研究有長足的發展，**「量子力學」**（quantum mechanics）的研究也跟著方興未艾。**所謂量子力學就是說明微小物質之行為的理論。**被視為量子力學之基礎的方程式就是奧地利的理論物理學家薛丁格（Erwin Schrödinger，1887～1961）所想出來的**「薛丁格方程式」**（Schrödinger equation）。但是因為該方程式並未納入狹義相對論，所以有些部分與狹義相對論有矛盾。

1928年，英國的理論物理學家狄拉克（Paul Dirac，1902～1984）**推導出可將狹義相對論和薛丁格方程式毫無矛盾予以組合的「狄拉克方程式」**（Dirac equation）。並且在該過程中，他還預言了應該存在**「與普通粒子的質量相同，但是所帶電荷相反的東西」**，亦即有**「反粒子」**（antiparticle）存在。狄拉克等人更進一步認為：**「粒子與反粒子必定是從龐大能量中成對產生，然後粒子與反粒子碰撞又成對消滅，並釋放出龐大能量。」**

當時，大部分的研究者都對反粒子的存在抱持懷疑的態度。不過，在他提出該預測之4年後的1932年，美國的物理學家安德森（Carl David Anderson，1905～1991）實際觀測到電子的反粒子「正電子」。他當時正在觀測研究從太空飛降到地球的「宇宙射線」（cosmic ray）中究竟含有什麼樣的粒子。**當宇宙射線與地球大氣碰撞時，就會產生各種新的粒子。其中，就發現到正電子。**又，宇宙射線與大氣碰撞產生新的粒子，基本上跟利用加速器產生新粒子是同樣的現象。

在粒子與反粒子遭遇所發生的「成對消滅」（pair annihilation），粒子與反粒子的質量遵循**「$E=mc^2$」全部轉換成能量釋放出來。**成對消滅是從質量轉換成能量效率非常高的反應。

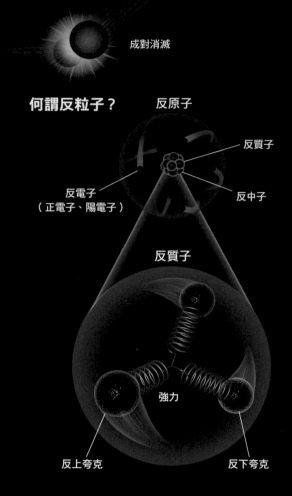

成對消滅

何謂反粒子？

反原子

反質子

反電子（正電子、陽電子）

反中子

反質子

強力

反上夸克

反下夸克

原子是由「原子核」（由質子和中子所組成）和「電子」所構成，質子和中子則由「上夸克」和「下夸克」這二種基本粒子構成。同樣地，反物質是由反質子、反中子、反電子所構成，反質子和反中子則是由反上夸克和反下夸克組成。

何謂宇宙射線？

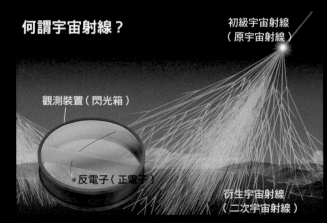

初級宇宙射線（原宇宙射線）

觀測裝置（閃光箱）

反電子（正電子）

衍生宇宙射線（二次宇宙射線）

在宇宙空間中，質子和氦原子核等粒子高速飛行穿梭，這些粒子稱為「初級宇宙射線」（primary cosmic rays，也稱原宇宙射線）。初級宇宙射線中幾乎不含反粒子，不過在與地球大氣碰撞，就會產生大量由各式各樣粒子所構成的「衍生宇宙射線」（secondary cosmic rays，也稱二次宇宙射線）。衍生宇宙射線中所含的反粒子是在地球大氣中產生的，僅存在於與其他物質之粒子碰撞後就消失的短暫時間內。

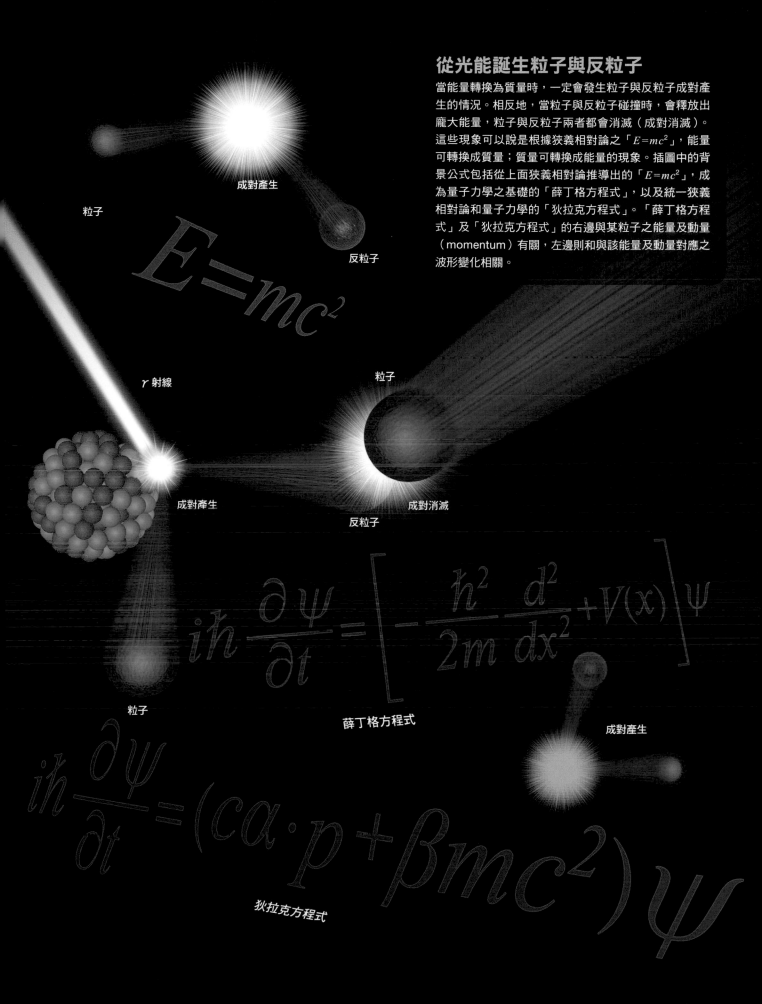

從光能誕生粒子與反粒子

當能量轉換為質量時，一定會發生粒子與反粒子成對產生的情況。相反地，當粒子與反粒子碰撞時，會釋放出龐大能量，粒子與反粒子兩者都會消滅（成對消滅）。這些現象可以說是根據狹義相對論之「$E=mc^2$」，能量可轉換成質量；質量可轉換成能量的現象。插圖中的背景公式包括從上面狹義相對論推導出的「$E=mc^2$」，成為量子力學之基礎的「薛丁格方程式」，以及統一狹義相對論和量子力學的「狄拉克方程式」。「薛丁格方程式」及「狄拉克方程式」的右邊與某粒子之能量及動量（momentum）有關，左邊則和與該能量及動量對應之波形變化相關。

成對產生

粒子

反粒子

r 射線

粒子

成對產生

成對消滅

反粒子

$$i\hbar \frac{\partial \psi}{\partial t} = \left[-\frac{\hbar^2}{2m} \frac{d^2}{dx^2} + V(x) \right] \psi$$

$E=mc^2$

粒子

薛丁格方程式

成對產生

$$i\hbar \frac{\partial \psi}{\partial t} = (c\alpha \cdot p + \beta mc^2)\psi$$

狄拉克方程式

因相對論效應，
鉑原子的電子軌域縮小

在原子核周圍繞轉之「電子」的行為，也跟狹義相對論有極為密切的關聯。

鉑（白金）是一種可以提高化學反應之反應速率的「觸媒（也稱催化劑）」（catalyst），是現代社會所不可或缺的元素。舉例來說，汽車排出的廢氣中含有有毒的「一氧化碳」，利用鉑的觸媒作用讓一氧化碳與氧氣混合，轉化成無害的「二氧化碳」。此外，在分解水分子製造出氧分子和氫分子的反應中，也需要鉑觸媒。該反應對以氫為燃料來行駛的「燃料電池車」而言，也是不可或缺的。

在原子核周圍繞轉的電子，本身有企圖遠離原子核的離心力在發生作用※。另一方面，帶負電的電子和帶正電的質子彼此又因為靜電力而互相吸引。因為這兩種力達到平衡的關係，電子能夠一直繞著原子核

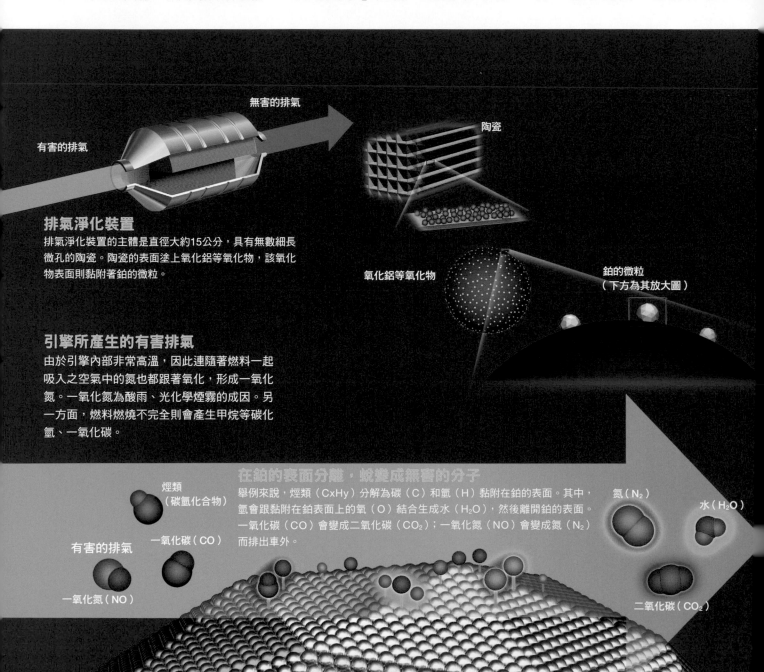

排氣淨化裝置

排氣淨化裝置的主體是直徑大約15公分，具有無數細長微孔的陶瓷。陶瓷的表面塗上氧化鋁等氧化物，該氧化物表面則黏附著鉑的微粒。

引擎所產生的有害排氣

由於引擎內部非常高溫，因此連隨著燃料一起吸入之空氣中的氮也都跟著氧化，形成一氧化氮。一氧化氮為酸雨、光化學煙霧的成因。另一方面，燃料燃燒不完全則會產生甲烷等碳化氫、一氧化碳。

有害的排氣

陶瓷

氧化鋁等氧化物

鉑的微粒
（下方為其放大圖）

在鉑的表面分離，蛻變成無害的分子

舉例來說，烴類（CxHy）分解為碳（C）和氫（H）黏附在鉑的表面。其中，氫會跟黏附在鉑表面上的氧（O）結合生成水（H_2O），然後離開鉑的表面。一氧化碳（CO）會變成二氧化碳（CO_2）；一氧化氮（NO）會變成氮（N_2）而排出車外。

烴類
（碳氫化合物）

一氧化碳（CO）

有害的排氣

一氧化氮（NO）

氮（N_2）

水（H_2O）

二氧化碳（CO_2）

旋轉。**當原子序變大時，換句話說就是帶正電的質子數量越多，原子核與位在內側之電子的靜電吸力愈強，於是電子的旋轉速率也變得愈快。**

鉑原子擁有多達78個的質子。因此，在最內側軌域旋轉的電子速率非常快，**其速度約高達光速的57％，也就是每秒達17萬公里。**

在如此高速旋轉下，就無法忽視電子質量變大的影響。結果，與忽視相對論效應的情況相較，在最內側旋轉之電子的軌域半徑變小了。於是，位在外側的電子軌域也跟著變小。**此即意味鉑原子的直徑較未考量相對論效應之情況下所預測的直徑為小。**

專門研究物質表面所發生之反應的日本東京大學生產技術研究所福谷克之教授對鉑原子的特徵說明如下：「觸媒反應基本上是發生在金屬的表面。此時，金屬內部之電子軌域的大小對觸媒的反應有極大的影響。因此，**電子軌域的大小與能否當做觸媒使用有極大的關聯。**」研究者認為鉑之所以擁有其他元素所沒有的獨特觸媒作用，其中一個原因就在於電子軌域大小的差異。

※：這是在古典原子模型中的詮釋，事實上科學家認為電子並非以粒子的形式繞著原子核運行，而是像「雲霧」般朦朧地存在於原子核周圍。

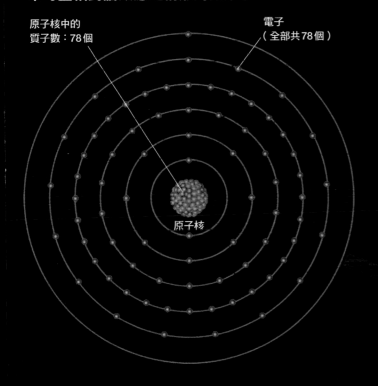

未考量相對論效應之情形的鉑原子

原子核中的質子數：78個

電子（全部共78個）

原子核

鉑原子與狹義相對論效應

插圖所示為鉑原子的電子軌域。鉑原子最內側（靠近原子核）的電子據估其實約以光速的57％高速旋轉著。所以，由於相對論效應的關係，電子的視質量應該會變重。結果，內側電子軌域的半徑會縮小，外側電子軌域的半徑也會縮小。

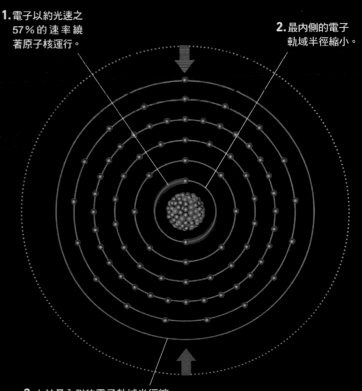

考量到相對論效應之情形的鉑原子

1. 電子以約光速之57％的速率繞著原子核運行。

2. 最內側的電子軌域半徑縮小。

3. 由於最內側的電子軌域半徑縮小，因此最外側的電子軌域半徑也縮小。

為什麼鐵會黏附在磁鐵上面呢？
解開此謎的契機就是狹義相對論！

狹義相對論不僅與電子軌域，也與鐵黏附在磁鐵上面的機制息息相關。為了切入磁性的本質，讓我們想像將磁鐵分割至原子大小時的情形吧！**事實上，即使將磁鐵分解至原子大小，該原子仍具有N極和S極。**這是因為在原子核周圍繞轉的電子，每一個都有N極和S極之

故。這個就是所謂的「電子磁鐵」，是所有磁鐵的根源。該電子磁鐵稱為「自旋」（spin）※。

自旋宛若電子的自轉。誠如當電流通過螺旋狀線圈時，該線圈會變成電磁鐵，帶電的電子旋轉就相當於環狀電流通過一般，所以會變成磁鐵。專門研究自旋性質的日本東京大學工學研究科的

齊藤英治教授就自旋的歷史說明如下：「自旋這個性質是從融合狹義相對論和薛丁格方程式的『狄拉克方程式』自然推導出來的。換句話說，**利用狹義相對論能夠闡明磁性的『真正身分（本質）』**。」

因為鐵、鎳等能夠跟部分電子磁鐵強烈的相吸，所以整體的磁

磁鐵與自旋

不管磁鐵分割得多麼細小，一定都會呈現N極和S極。無法再分割的「基本粒子」—— 電子因此也擁有N極和S極。電子擁有「自旋」這種宛若自轉的性質，因為自旋的關係，電子本身具有磁性。然而，原子的內部有很多的電子，因此個個電子的自旋會互相抵銷，所以許多電子的自旋與磁性無關。但是，鐵、鎳、鈷等，因為一部分自旋的磁性會強烈的相互吸引，所以整體的磁力就會變得非常大。

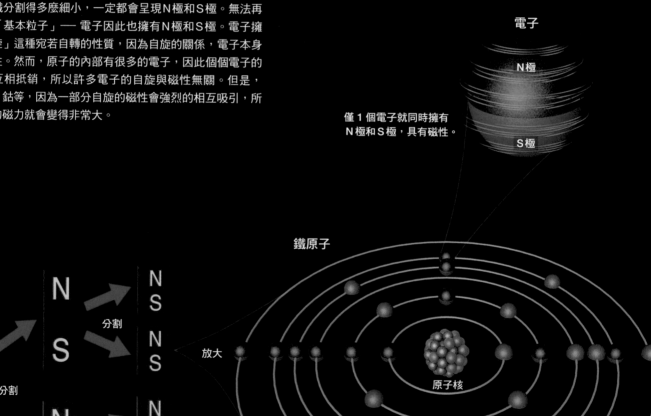

電子

N極

S極

僅1個電子就同時擁有
N極和S極，具有磁性。

鐵原子

磁鐵

N

分割

S

N

S

分割

N

S

分割

N
S

N
S

分割

N
S

N
S

放大

原子核

電子

性變得非常強大，這種性質稱為「強磁性（也稱鐵磁性）」（ferromagnetism）。利用該性質，可以製造出從生活中常見的磁棒到號稱史上最強磁鐵的「釹磁鐵」（neodymium magnet）等永久磁鐵。**換句話說，為了製造出強力磁鐵，就一定得理解自旋的性質。**「若說我們生活中常見的『磁鐵』，讓我們隨時都可體驗狹義相對論一點也不為過」（齊藤教授）。

從電子學到自旋電子學

在此之前，因為控制電子流動的「電子學」（electronics）發展，人類製造出以電腦為首的各種電子儀器。但是近年來，**科學家不僅研究電子流，還會利用自旋性質，企圖製造出超越傳統界限的高性能節約能源的電子儀器。像這樣的研究領域稱為「自旋電子學」**（spintronics）。

有個十分能代表自旋電子學的現象就是**「巨磁電阻效應」**（giant magnetoresistance effect，GMR）。個人電腦所內建的硬碟讀取裝置（磁頭）就是應用該效應，使得性能有跳躍性的提升。未來，隨著自旋電子學的發展，應該會有更多卓越的電子儀器問世。

※：電子（基本粒子）具有相當於繞著自身的軸轉動的一種性質，這就是自旋，而表示轉動方向與轉速等性質的物理量稱為角動量。

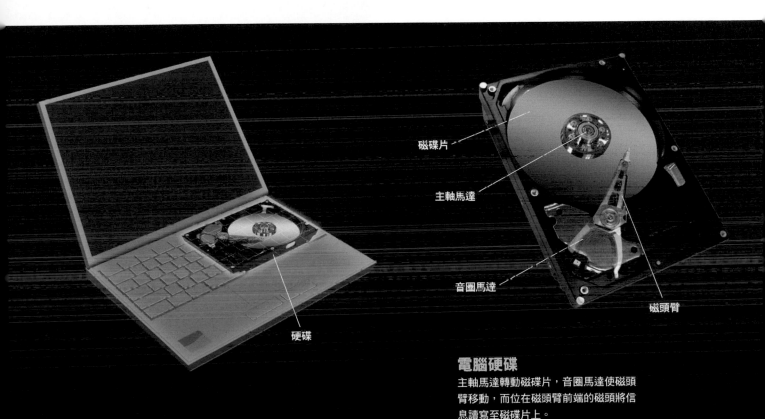

磁碟片

主軸馬達

音圈馬達

磁頭臂

硬碟

電腦硬碟
主軸馬達轉動磁碟片，音圈馬達使磁頭臂移動，而位在磁頭臂前端的磁頭將信息讀寫至磁碟片上。

硬碟所運用的巨磁電阻效應

電腦的硬碟是一種儲存裝置，其內部有布滿磁性物質（微磁鐵）的磁碟片，利用另外的電磁鐵使微磁鐵的方向改變，並將該微磁鐵方向視為資訊予以儲存。讀取硬碟之磁性資訊的「磁頭」，便運用了自旋電子學技術。簡單來說，就是利用磁頭的電阻值隨硬碟之微磁鐵的磁場而明顯變化的「巨磁電阻效應」。

該效應是因受通過磁頭之電流中的電子自旋之影響而發生的。由於只是些許的磁場變化，都能讀取到磁頭的電阻差，因此硬碟中的微磁鐵尺寸可以更小。其結果，與硬碟的大容量化息息相關。

「GPS」欲正確算出位置，絕對不能缺少相對論

「**G**PS」（Global Positioning System，全球衛星定位系統）不論我們身在何處都能提供位置資訊給我們。附有GPS功能的行動電話，道路導航系統可以說已經是我們生活中不可或缺的幫手。事實上，**GPS能夠算出正確位置的技術，全拜相對論之賜。**

GPS主要是由「GPS衛星」和搭載於行動電話、導航系統的「GPS接收機」所組成。GPS衛星隨時都在以無線電波發送「時刻」和「衛星位置」的資訊。**由於無線電波是以光速（每秒30萬公里）行進，所以從「自衛星發出之無線電波抵達接收機所花的時間×光速」即可求出到衛星的距離。** 然後同樣的事在相異三顆以上的衛星間進行，GPS接收機就能計算出自己本身的位置。

在這裡，只要無線電波抵達所花費的時間出現些許偏差，GPS立即就失去功用了。舉例來說，原子鐘的時間僅偏差了0.00001秒（10微秒），而從衛星到接收機的距離就相差了3公里（＝0.00001×30萬）之遙。

GPS衛星以每小時約1萬4000公里（秒速約4公里）的超高速度運行。因此，**狹義相對論效應會導致GPS衛星的時鐘1天比地面時鐘慢約120微秒。** 另外，因為GPS衛星在距離地面約2萬公里的太空中移動，所以承受的地球重力比地面小。為此，**廣義相對論效應導致GPS衛星的時鐘1天比地面上的時鐘快了150微秒。**

同時考量這二個效應，得出**GPS衛星所搭載的時鐘，1天比地面上的時鐘快了大約30微秒。** 將之換算成距離，相當於約10公里。如果沒有任何修正的話，GPS將會無法使用。因此，**GPS都會事先修正，以免出現這二個效應所導致的時間偏差。**

GPS衛星的時鐘，時間進程比地面上的時鐘還要快！

插圖所繪為GPS的機制。搭載在2萬公里高空以每小時1萬4000公里速度運行的GPS衛星內部的時鐘，因為狹義相對論與廣義相對論效應的關係，時間進程1天大約會比地面上的時鐘快30微秒。GPS在設計時已經事先考量到該效應而進行了修正。

與左邊衛星距離相等的圓
（未進行時間的修正）

與左邊衛星距離相等的圓
（已進行時間的修正）

2.GPS接收機求出到衛星的距離

由於從GPS衛星發出之無線電波係成球狀擴散，所以在地球上，與衛星等距離的場所就形成一個圓。搭載道路導航系統的汽車就會位在某個圓上。

GPS衛星

位在距離地面約2萬公里高空，以每小時約1萬4000公里的速度持續運行的衛星。搭載精密的原子鐘，24小時隨時都將時刻資訊和衛星軌道資訊傳送到地面。為要覆蓋整個地球表面，隨時都有30具左右的衛星在天空執勤。

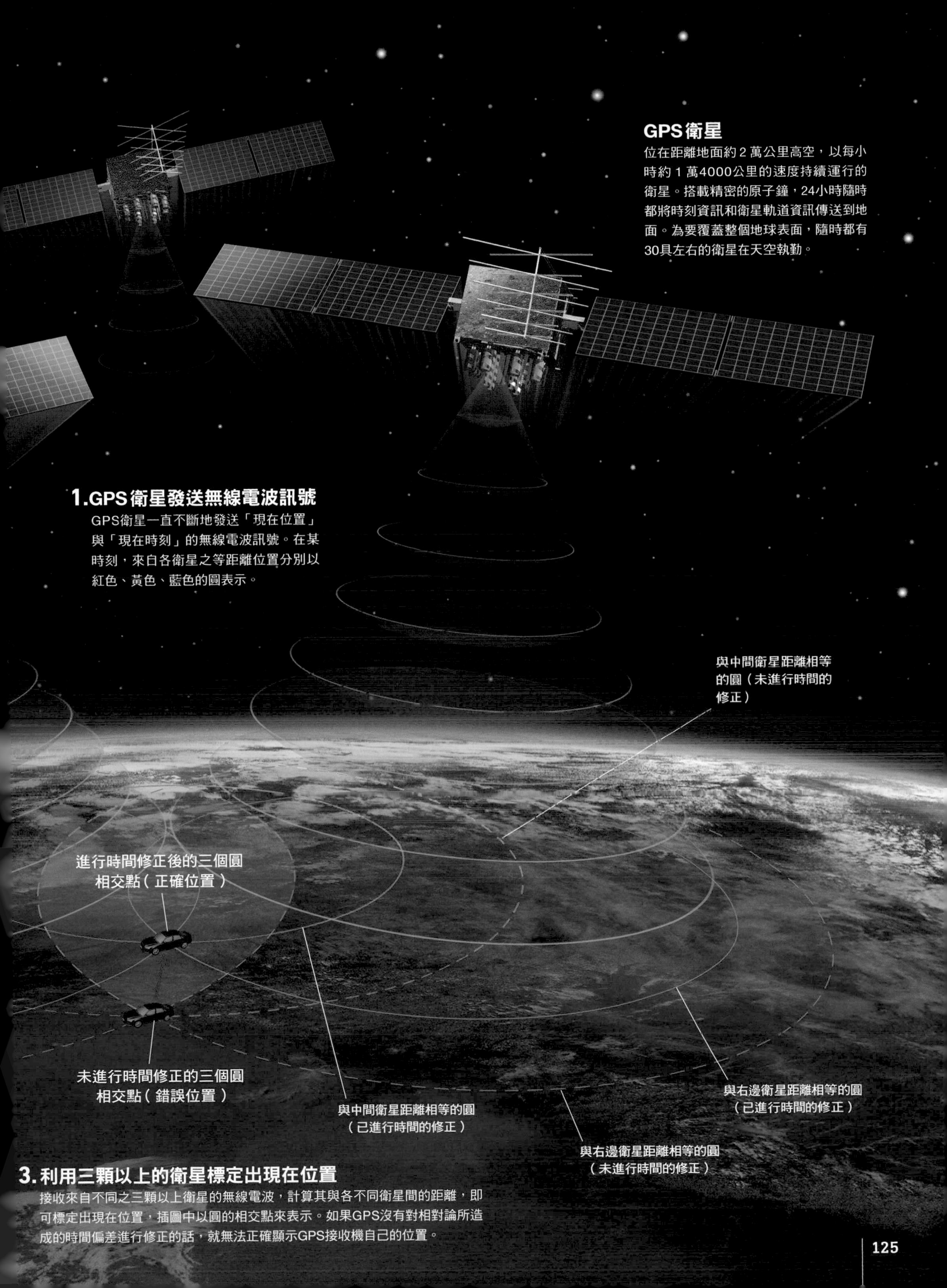

1.GPS衛星發送無線電波訊號

GPS衛星一直不斷地發送「現在位置」與「現在時刻」的無線電波訊號。在某時刻，來自各衛星之等距離位置分別以紅色、黃色、藍色的圓表示。

與中間衛星距離相等的圓（未進行時間的修正）

進行時間修正後的三個圓相交點（正確位置）

未進行時間修正的三個圓相交點（錯誤位置）

與中間衛星距離相等的圓（已進行時間的修正）

與右邊衛星距離相等的圓（已進行時間的修正）

與右邊衛星距離相等的圓（未進行時間的修正）

3.利用三顆以上的衛星標定出現在位置

接收來自不同之三顆以上衛星的無線電波，計算其與各不同衛星間的距離，即可標定出現在位置，插圖中以圓的相交點來表示。如果GPS沒有對相對論所造成的時間偏差進行修正的話，就無法正確顯示GPS接收機自己的位置。

廣義相對論所預言的奇妙天體「黑洞」

根據廣義相對論的說法，當時空扭曲大到極限時，會形成連光都會被它吞噬，再也無法脫逃的特異區域。1967年，美國的物理學家惠勒（John Archibald Wheeler，1911～2008）將這樣特異的區域命名為「黑洞」（black hole）。據他表示，更奇妙的是在黑洞的表面，時間流是停止的。

這種擁有連光都會吞噬，時間流會停止之神奇性質的天體真的存在嗎？**連愛因斯坦當時都認為黑洞僅是理論上的產物，實際上應該是不存在的。**

由於黑洞不會發光，因此無法直接觀測到黑洞本身。但是**1970年代初期，科學家觀測到由天鵝座X-1（Cygnus X-1）這個天體所發出的X射線，因此確實可以觀測到黑洞的存在**。在受到黑洞強大引力吸引之際，黑洞周圍的物質在落入黑洞之前，會在黑洞周邊呈螺旋狀繞行而形成一個稱為「吸積盤」（accretion disk）的結構（請參考插圖）。該吸積盤的溫度很高，會輻射出X射線等的光（電磁波），所以我們就可以間接觀測到黑洞了。

科學家一方面利用短波長的X射線來觀測黑洞，另一方面又利用長波長的「次毫米波」（波長0.1～1毫米左右的無線電波）進行黑洞觀測。天文學家認為在星系的中心區域通常都存在大質量黑洞。星系的中心區域被雲狀的電漿（電離氣體）所覆蓋，大部分電磁波皆會被它遮斷而很難觀測到黑洞附近的情形。不過由於一部分的次毫米波可以穿透電離氣體，因此科學家期待藉此能對黑洞進行詳細的觀測。**位在智利阿塔卡瑪沙漠的大型毫米及次毫米波陣列望遠鏡（ALMA）是在以次毫米波觀測中，解析度堪稱世界第一的望遠鏡。**由包括ALMA在內的八架無線電波望遠鏡所構築的大規模無線電波干涉儀的國際觀測計畫，在2019年4月發表成功直接拍攝到位在橢圓星系M87中心的大質量黑洞。

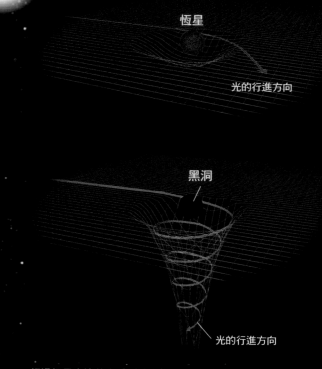

恆星與黑洞所形成的時空扭曲

恆星

光的行進方向

黑洞

光的行進方向

經過恆星旁邊的光受到時空扭曲的影響而彎曲前進。另一方面，進入黑洞的光就再也無法脫逃了。

吸積盤

若黑洞與恆星的距離很接近，黑洞很可能會剝奪恆星的氣體，將恆星給吞噬了。被剝奪的氣體首先在黑洞周圍高速旋轉形成圓盤，這就是「吸積盤」。吸積盤會因為氣體的彼此摩擦而變得高溫，發出輝煌的光芒。

噴流

所謂噴流，就是在黑洞附近，物質
以接近光速的速度噴出的現象。一
般認為這是物質受到黑洞周邊之強
大磁場加速的緣故，不過科學家對
加速機制目前仍有許多不明之處，
還留有許多謎團。

恆星的氣體被
黑洞剝奪了

黑洞

過去被認為是理論產物的天體
被實際觀測到了

插圖所繪為從附近恆星剝奪氣體予以吞食的黑洞想像圖。
目前在黑洞的形成機制、黑洞的內部狀態、噴流（jet）的
加速機制等相關方面仍有許多謎團，科學家還在戮力研究
之中。

在100年前的廣義相對論中，已經預言時空的漣漪「重力波」了！

在台灣時間2016年2月12日黎明，美國發出一則震撼全世界的新聞。這就是**美國的重力波觀測裝置「LIGO」終於成功地直接觀測到時空的漣漪「重力波」。**

所謂重力波就是空間的伸縮以波的形式往周圍擴散的現象。根據廣義相對論，諸如黑洞、中子星（幾乎全都是「中子」所構成的緻密天體）這類超高密度物體運動時，空間扭曲就像是在水面上擴散的波紋一般往周圍擴散。雖然也跟該天體與地球間的距離有關，不過一般而言，在發生黑洞彼此合併、中子星彼此合併等情況時，因重力波到來所導致的時空扭曲，以太陽與地球的距離尺度，差不多僅是原子半徑左右的變動程度而已。因此，很難直接觀測到重力波，所以也被稱為**「愛因斯坦的最後習題」**。該難題在提出廣義相對論的第100年，終於獲得解決。

根據這次發表，在2015年9月14日，靈敏度比先前的LIGO更提高的「Advanced LIGO」才開始試運行僅2天，就觀測到重力波了。根據分析，**這次的重力波是互相繞行的二個黑洞逐漸**

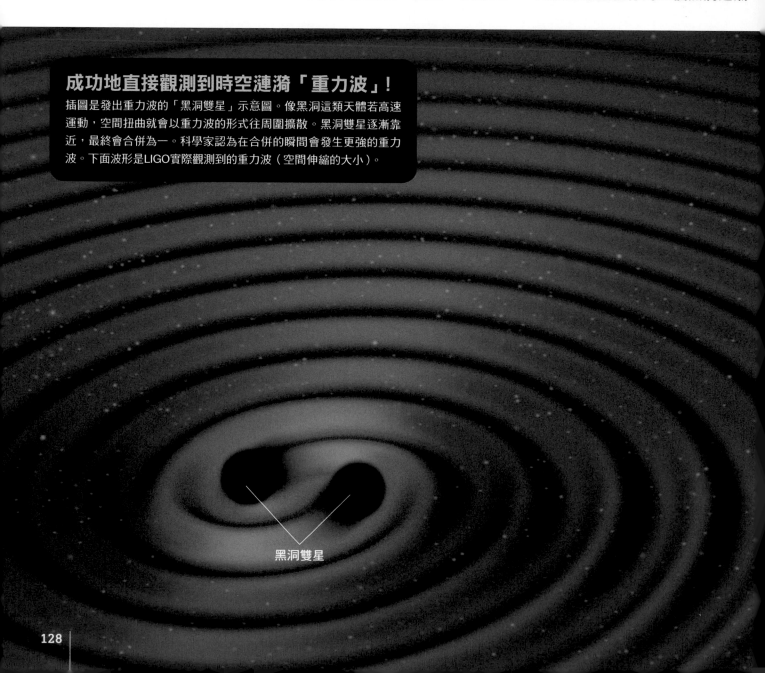

成功地直接觀測到時空漣漪「重力波」！

插圖是發出重力波的「黑洞雙星」示意圖。像黑洞這類天體若高速運動，空間扭曲就會以重力波的形式往周圍擴散。黑洞雙星逐漸靠近，最終會合併為一。科學家認為在合併的瞬間會發生更強的重力波。下面波形是LIGO實際觀測到的重力波（空間伸縮的大小）。

黑洞雙星

接近，其後發生碰撞、合併時所產生的。相互碰撞的這二個黑洞的質量分別是太陽的36倍和29倍，由於彼此合併，結果形成擁有太陽質量之62倍的黑洞。

36倍加29倍應該是65倍才對。但是，合併後的質量卻只有太陽的62倍。消失的這太陽3倍的質量係根據「$E=mc^2$」轉換為龐大的能量，以重力波的形式輻射出來了。據表示，此次所觀測到空間扭曲，最大約1毫米的1兆分之1的又100萬分之1左右。此外，科學家認為重力波的發生源是位在大麥哲倫星系方向，與地球大約相距13億光年之處。

重力波的最大特徵就是可以通過所有物體和空間。若能利用重力波的這個性質，也許就能獲得在先前的天文觀測中一直無法取得的，與恆星大爆炸 —— 超新星爆炸之機制相關的資訊，或是與科學家認為就發生在甫誕生宇宙的急速膨脹（暴脹）等相關的資訊了。2016年可說是拉開「重力波天文學」序幕的一年。

為了獲得重力波發生源的正確資訊，只有LIGO是不夠的。現在世界各國都在持續整備重力波觀測網，在歐洲有「GEO600」、「VIRGO」已經啟用，印度也有建設新重力波望遠鏡的計畫，而日本在岐阜縣神岡礦山地下的重力波觀測裝置「KAGRA」建設工程已在2019年10月大致完成，並於2020年2月25日起開始連續運行，正式展開觀測重力波的任務。

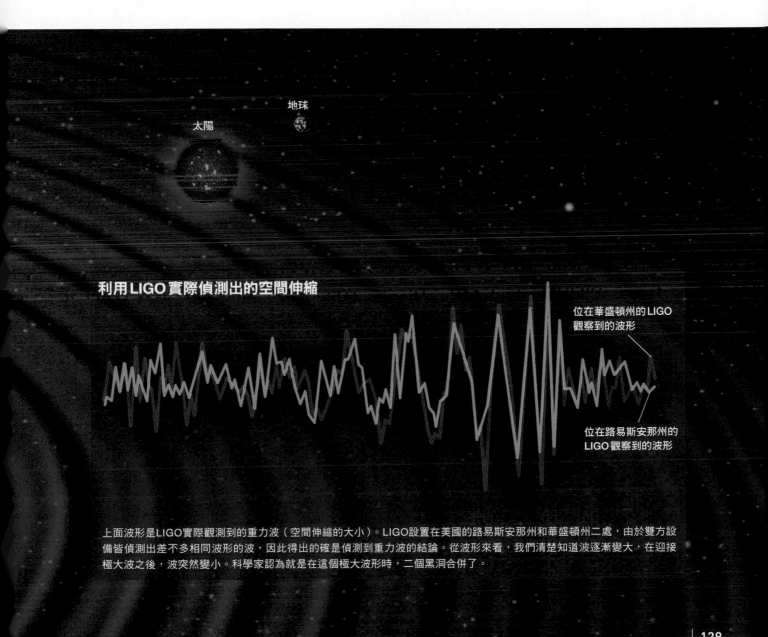

利用LIGO實際偵測出的空間伸縮

地球

太陽

位在華盛頓州的LIGO觀察到的波形

位在路易斯安那州的LIGO觀察到的波形

上面波形是LIGO實際觀測到的重力波（空間伸縮的大小）。LIGO設置在美國的路易斯安那州和華盛頓州二處，由於雙方設備皆偵測出差不多相同波形的波，因此得出的確是偵測到重力波的結論。從波形來看，我們清楚知道波逐漸變大，在迎接極大波之後，波突然變小。科學家認為就是在這個極大波形時，二個黑洞合併了。

因相對論而誕生的「宇宙論」
探究宇宙之始

「**宇**宙究竟是如何開始的呢？」在廣義相對論出現之前，幾乎未見從科學這一面來探討這個問題。

但是，廣義相對論闡明了空間並非不會變化，而在具質量的物體周圍，空間會扭曲。再者，1922年，前蘇聯宇宙學家弗里德曼（Alexander Friedmann，1888～1925）認為**廣義相對論適用於整個宇宙，因而推導出整個宇宙空間都有可能膨脹或是收**縮。因為認為宇宙空間有可能變化，因而衍生出探究宇宙的誕生和演化，以及宇宙未來的可能面貌，在意義上真正的**「宇宙論」**（cosmology）。

1929年，美國的天文學家哈

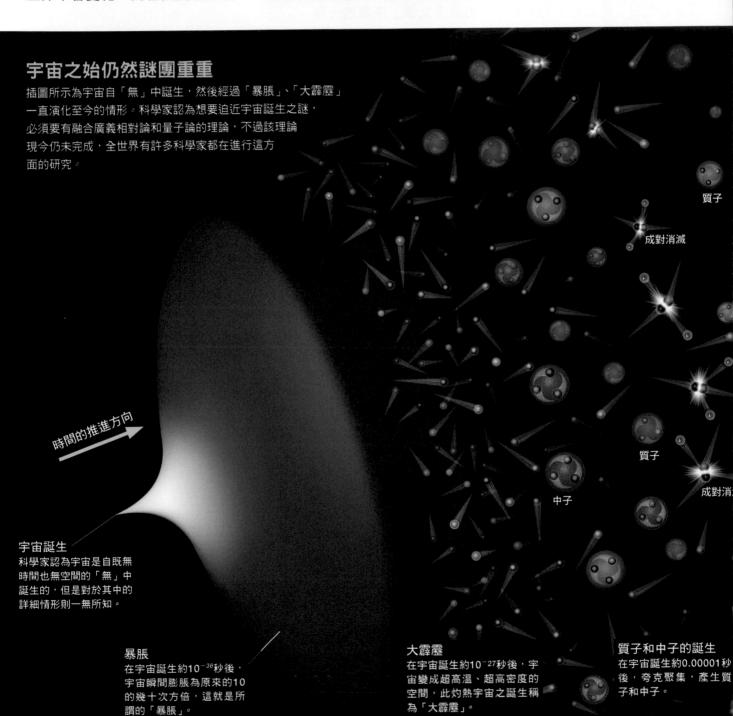

宇宙之始仍然謎團重重

插圖所示為宇宙自「無」中誕生，然後經過「暴脹」、「大霹靂」
一直演化至今的情形。科學家認為想要迫近宇宙誕生之謎，
必須要有融合廣義相對論和量子論的理論，不過該理論
現今仍未完成，全世界有許多科學家都在進行這方
面的研究。

質子

成對消滅

時間的推進方向

質子

中子

成對消

宇宙誕生
科學家認為宇宙是自既無
時間也無空間的「無」中
誕生的，但是對於其中的
詳細情形則一無所知。

暴脹
在宇宙誕生約10^{-36}秒後，
宇宙瞬間膨脹為原來的10
的幾十次方倍，這就是所
謂的「暴脹」。

大霹靂
在宇宙誕生約10^{-27}秒後，宇
宙變成超高溫、超高密度的
空間，此灼熱宇宙之誕生稱
為「大霹靂」。

質子和中子的誕生
在宇宙誕生約0.00001秒
後，夸克聚集，產生質
子和中子。

伯（Edwin Powell Hubble，1889～1953）發現越遙遠的星系，遠離地球的退離速率越快。亦即整個宇宙空間在膨脹。而這件事代表**如果將時間不斷地往前追溯，整個宇宙會越變越小，最終應該會追溯到「宇宙誕生的瞬間」**。宇宙是如何誕生的？又是如何演化的呢？

根據某個假說認為，**在距今大約138億年前，宇宙是從既無時間也無空間的「無」中誕生的**。其後，宇宙在遠比 1 秒還要短的時間內急速膨脹了約10^{43}倍（1兆×1兆×1兆×1000萬倍），該假說將此現象稱為**「暴脹」（inflation）**。之後，大約在宇宙誕生的10^{-27}秒後，隨著暴脹的結束，引發暴脹的能量根據「$E=mc^2$」轉換成物質之源的基本粒子和光，這就是物質與光的誕生。後來，宇宙變成超高溫、超高密度的空間，這個灼熱宇宙的誕生就是所稱的「大霹靂」（big bang）。

科學家認為宇宙後來以相較暴脹時非常和緩的速度持續膨脹，經過漫長歲月而逐漸冷卻，形成原子，誕生恆星，誕生星系，最後演化成現在的宇宙。

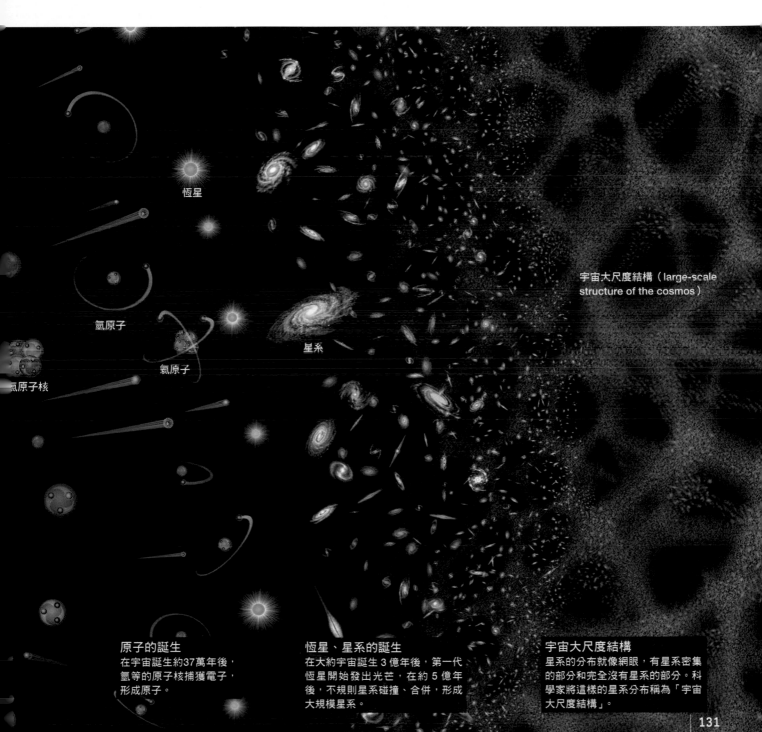

恆星

氫原子

氦原子

氦原子核

星系

宇宙大尺度結構（large-scale structure of the cosmos）

原子的誕生
在宇宙誕生約37萬年後，氫等的原子核捕獲電子，形成原子。

恆星、星系的誕生
在大約宇宙誕生 3 億年後，第一代恆星開始發出光芒，在約 5 億年後，不規則星系碰撞、合併，形成大規模星系。

宇宙大尺度結構
星系的分布就像網眼，有星系密集的部分和完全沒有星系的部分。科學家將這樣的星系分布稱為「宇宙大尺度結構」。

描述宇宙未來的「愛因斯坦方程式」

事實上，連愛因斯坦在最初都認為宇宙是不會收縮也不會膨脹的「靜態空間」。但是愛因斯坦面臨了一個令他困擾的狀況。

磁鐵的磁力包括互相吸引的「引力」和互相排斥的「斥力」。但是重力並不存在相當於斥力的「反重力」。如此一來，**恆星、星系會因為彼此的重力而相吸，經過漫長歲月之後，整個宇宙應該會收縮才對。**而這樣的結果將會與愛因斯坦所認為的「靜態宇宙」（static universe）相反。因此，愛因斯坦**在廣義相對論的方程式（愛因斯坦方程式）中，加入表示「宇宙空間斥力」的項，以便與收縮方向的力取得平衡，而「強制地」建構出靜態宇宙。該項被命名為「宇宙項」**（cosmological term），其係數稱為「宇宙常數」（cosmical constant）。

但是弗里德曼從廣義相對論推導出動態宇宙，再加上藉由天文觀測，哈伯發現了宇宙膨脹，愛因斯坦終於承認「靜態宇宙」的想法是個錯誤，而將宇宙常數拿掉。這時愛因斯坦說出這麼一段話：**「導入宇宙常數是我這輩子所犯的最大錯誤。」**

那麼，膨脹的宇宙未來將會面臨什麼樣的命運呢？當時大多數科學家都認為未來宇宙的膨脹速率會趨緩。他們認為就好像腳若沒有繼續踩踏板的話，腳踏車因為與道路摩擦的關係速度會逐漸變慢一樣，宇宙的膨脹速率應該會因為重力（引力）具有「煞車」功能而逐漸趨緩。

宇宙正在加速膨脹之中！

但是1998年，科學家發表了一個令人驚訝的研究成果，這就是**現在我們宇宙的膨脹正在加快中，換句話說就是宇宙在加速膨脹。**那麼，究竟是「什麼」加快宇宙膨脹速度的呢？

現在，科學界大多認為宇宙空間中充滿名為**「暗能量」**（dark energy）的未知能量，而這種能量具有加速宇宙膨脹的「油門」功能。**科學家認為暗能量是空間（真空）本身所具的能量，均勻地存在這個宇宙之中。**而暗能量具有不管宇宙如何膨脹，它都不會變「稀薄」的特徵。

不過，暗能量的真正身分如今還是個謎，也是殘留在宇宙論中最大的問題。因此，未來的宇宙到底是會持續地膨脹下去呢？或者是會轉為收縮呢？目前還未到可以下結論的階段（右邊插圖）。

再者，因為愛因斯坦認為宇宙是靜態宇宙，所以在愛因斯坦方程式中加入宇宙項（宇宙常數），後來又將宇宙常數拿掉了。但在大約經過60年之後，**這個宇宙空間之斥力效應，被改名為暗能量，在宇宙論中復甦了。**現在，大多數的科學家都認為「暗能量在數學上跟宇宙常數是一樣的東西」。

愛因斯坦方程式

$$R_{\mu\nu} - \frac{1}{2}Rg_{\mu\nu} + \Lambda g_{\mu\nu} = \frac{8\pi G}{c^4}T_{\mu\nu}$$

mu nu ── 時空狀態（表示空間有何種程度的彎曲，時間延遲多少）

lambda ── 宇宙項 作用於使宇宙空間膨脹之方向的力（斥力）

圓周率 · 重力常數 ── $\frac{8\pi G}{c^4}$ 光速

表示物質的動量和能量

上為從廣義相對論推導出來，表示時間、空間、質量、能量之關係的式子（愛因斯坦方程式）。可計算出宇宙空間的膨脹、收縮的情形。右下所添加的字母 $\mu\nu$，這些符號稱為「張量」（tensor）。張量是由具有大小和方向之「向量」（vector）概念擴張而來的物理量。

宇宙未來會演變成什麼狀況呢？

雖然自誕生以來，宇宙一直都在持續膨脹，但是未來是否還會繼續膨脹下去呢？目前仍無法斷論。插圖所繪為宇宙未來也跟現在一樣持續地加速膨脹的情形（右頁左上）、從膨脹轉為收縮的情形（同右上）、更劇烈膨脹的情形（同下）的示意圖。各個圖板表示某時期的宇宙。

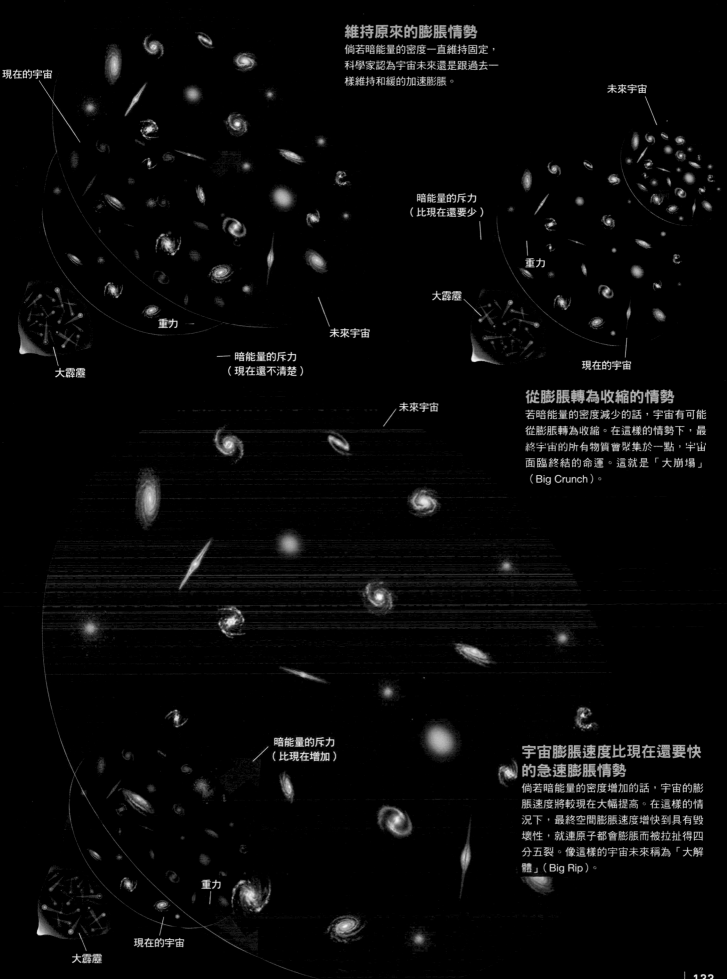

維持原來的膨脹情勢
倘若暗能量的密度一直維持固定，科學家認為宇宙未來還是跟過去一樣維持和緩的加速膨脹。

現在的宇宙

重力

大霹靂

—— 暗能量的斥力
（現在還不清楚）

未來宇宙

暗能量的斥力
（比現在還要少）

重力

大霹靂

現在的宇宙

未來宇宙

從膨脹轉為收縮的情勢
若暗能量的密度減少的話，宇宙有可能從膨脹轉為收縮。在這樣的情勢下，最終宇宙的所有物質會聚集於一點，宇宙面臨終結的命運。這就是「大崩塌」（Big Crunch）。

未來宇宙

暗能量的斥力
（比現在增加）

重力

現在的宇宙

大霹靂

宇宙膨脹速度比現在還要快的急速膨脹情勢
倘若暗能量的密度增加的話，宇宙的膨脹速度將較現在大幅提高。在這樣的情況下，最終空間膨脹速度增快到具有毀壞性，就連原子都會膨脹而被拉扯得四分五裂。像這樣的宇宙未來稱為「大解體」（Big Rip）。

愛因斯坦認為量子論並不完全，挑戰構築出統一場論

在1915到1916年發表了廣義相對論的愛因斯坦，接下來的目標就是**「電磁力和重力的統一」**。物理學的歷史可以說就是一部「統一史」。舉例來說，牛頓將讓蘋果落下的力與引發月球公轉的力，成功地用「萬有引力」（重力）這一個力來說明。此外，馬克士威將電力和磁力統一成**「電磁力」**來處理。

為什麼愛因斯坦著眼於電磁力和重力呢？因為當時僅確認到重力和電磁力是確實存在的二個基本力。**一提到「力」，我們腦中會浮現「摩擦力」、使飛機揚升的「升力」（lift）、牽引繩索時的「張力」等各種不同的力。但是若追本溯源的話，**這些力都能夠用「電磁力」來加以說明。

舉例來說，請想想用球棒擊打棒球的畫面。不管是球棒或是棒球，放大到微觀世界的層級，它們都是由原子所構成（左下插圖）。誠如第112頁中所看到的，由於原子內部非常空曠，所以就算是以球棒擊打棒球，球應該會從球棒中間穿越而過才對。然而在現實中並未發生這樣的狀況，這是因為構成球棒的原子與構成棒球的原子互相接近時，環繞原子核周圍運行的電子與電子之間就會產生靜電斥力（電磁力），結果，球不會穿過球棒，而是被球棒打擊出去了。

換句話說，球棒之所以能夠把球打出去，全拜發生在原子與原子之間的「電磁力」所賜。摩擦力和張力，如果從微觀的角度來看的話，就跟上面所說的例子一樣，都是源於電磁力。像這樣，**我們生活周遭的力，除了重力之外，可以說都是源於「電磁力」。**

實現力之統一的「高維度」構想

重力與電磁力亦有相似之處。這就是這二個力都會與距離的平方成反比變小（當距離增為 2 倍時，力就變為原來的 4 分之 1）。因此，愛因斯坦大膽地想要構築新理論，將此二力統一，該理論稱為**「統一場論」（unified field theory）**。

愛因斯坦為什麼會想要建構統一場論呢？這是因為受到德國數學家暨物理學家卡魯扎（Theodor Franz Eduard Kaluza，1885～1954）與瑞典的理論物理學家克萊恩（Oskar Benjamin Klein，1894～1977）的想法所刺激的緣故。

他們著眼於**「廣義相對論在時空維度比 4 還多的情況下，仍然可以成立」**，建構出「卡魯扎-克萊恩理論」（Kaluza-Klein theory）。我們是生活在 3 維度空間和 1 維度時間的「4維時空」中。但是他們懷疑這個常識，想像如果將維度提高一個個數，成為「5 維時空」的話，廣義相對論是否仍然適用呢？

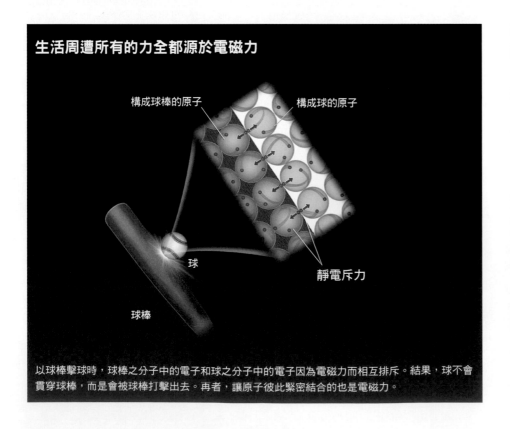

生活周遭所有的力全都源於電磁力

構成球棒的原子

構成球的原子

球

靜電斥力

球棒

以球棒擊球時，球棒之分子中的電子和球之分子中的電子因為電磁力而相互排斥。結果，球不會貫穿球棒，而是會被球棒打擊出去。再者，讓原子彼此緊密結合的也是電磁力。

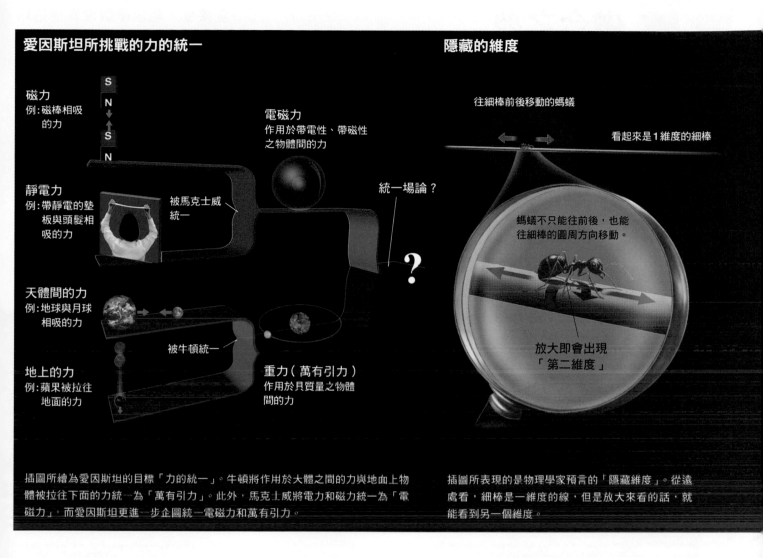

愛因斯坦所挑戰的力的統一

磁力
例：磁棒相吸的力

靜電力
例：帶靜電的墊板與頭髮相吸的力

被馬克士威統一

電磁力
作用於帶電性、帶磁性之物體間的力

統一場論？

天體間的力
例：地球與月球相吸的力

被牛頓統一

地上的力
例：蘋果被拉往地面的力

重力（萬有引力）
作用於具質量之物體間的力

插圖所繪為愛因斯坦的目標「力的統一」。牛頓將作用於天體之間的力與地面上物體被拉往下面的力統一為「萬有引力」。此外，馬克士威將電力和磁力統一為「電磁力」，而愛因斯坦更進一步企圖統一電磁力和萬有引力。

隱藏的維度

往細棒前後移動的螞蟻

看起來是1維度的細棒

螞蟻不只能往前後，也能往細棒的圓周方向移動。

放大即會出現「第二維度」

插圖所表現的是物理學家預言的「隱藏維度」。從遠處看，細棒是一維度的線，但是放大來看的話，就能看到另一個維度。

　　沒想到這樣的想法推導出令人驚訝的結果，亦即因著維度的提高，方程式中多出一個新項，這就是電磁力。亦即，**該想法認為若追加「第5維度」的話，不僅是重力，看起來連電磁力似乎都能統一處理了。**

　　然而，第5維度究竟位在哪裡呢？卡魯扎和克萊恩主張**第5維度因為非常小的緣故，任何人都沒有發覺它的存在。**

　　「維度很小，所以沒有發覺」究竟是怎麼回事呢？請讓我們想想右上插圖的情形吧！有1隻螞蟻行走在1根細木棒上面。該狀態看起來螞蟻似乎只能往棒的前方或是後方移動，但是如果就近觀察的話，就會發現螞蟻不只能往前後方向（1維度），也能往棒的周圍（木棒橫切時的切口圓周方向）繞行。換句話說，**對螞蟻而言，棒的表面不是1維度，而是2維度的世界**。跟本例相同的，根據「卡魯扎-克萊恩理論」，在我們的空間中，隱藏著非常微小的維度。

　　愛因斯坦以該理論為基礎，研究讓電磁力和重力有更精密的統合。但是**該理論在後來發現與實驗結果相矛盾，最後以失敗告終**。不過愛因斯坦並未因此而放棄，想了「追加維度」這個方法以外的許許多多途徑，企圖完成統一場論。不過，就在研究尚未有結果的1955年4月18日，愛因斯坦過世了。據說，他在臨終的前一天都還孜孜於研究。

量子論和廣義相對論融合之夢

愛因斯坦「未完成的夢」②

除了致力研究企圖完成統一場論外，在愛因斯坦的腦中還有一個願望，這個願望就是從**統一場論**推導出「**量子論**」（也稱量子力學）。說明微觀世界的量子論是以德國的物理學家普朗克等人為中心，從19世紀末發展出來的理論，愛因斯坦本人對量子論的發展也有很大的影響，但是他認為該理論並不完全。

根據量子論，微觀世界存在**想盡所有方法都無法去除的本質性「擾動」（不確定性）**。該擾動可以說就是在微觀世界中，測量長度的直尺和測量時間的刻度一直都在晃動。結果，**當我們考量到非常微小的世界時，時間和空間的概念會變得非常模糊，廣義相對論就**露出破綻了。愛因斯坦對於量子論的想法無論如何都無法完全接受，對於微觀世界僅能用機率來說明的量子論，他批評的說道：「上帝不擲骰子。」

統合重力的道路最為險峻

愛因斯坦無法完成之「力的統一」的夢想，在他死後大約經過10年左右，終於開始露出曙光。愛因斯坦晚年的時候也知道除了重力和電磁力之外，還有連結夸克的「強力」、以及放射性物質之原子核內部在中

現代的物理學家致力於力的統一

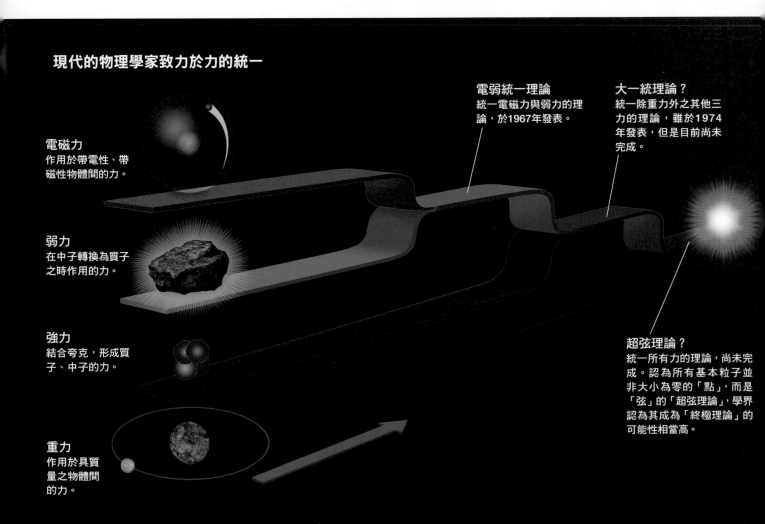

電磁力
作用於帶電性、帶磁性物體間的力。

弱力
在中子轉換為質子之時作用的力。

強力
結合夸克，形成質子、中子的力。

重力
作用於具質量之物體間的力。

電弱統一理論
統一電磁力與弱力的理論，於1967年發表。

大一統理論？
統一除重力外之其他三力的理論，雖於1974年發表，但是目前尚未完成。

超弦理論？
統一所有力的理論，尚未完成。認為所有基本粒子並非大小為零的「點」，而是「弦」的「超弦理論」，學界認為其成為「終極理論」的可能性相當高。

插圖所示為現代物理學家的目標「力的統一」。現在，電磁力與弱力已被「電弱統一理論」所統一，但是更往前的其他各力都尚未完成。可望將包括重力在內的所有基本力皆統一起來的理論就是「超弦理論」。

子轉變為質子時（β衰變）發生作用的「弱力」。換句話說，在這個宇宙中，除了重力和電磁力之外，還有強力和弱力共「四個作用力」存在。但是據說愛因斯坦只將重心放在重力和電磁力的統一上面，對新發現的二個力並不感興趣。

1967年，美國的物理學家格拉肖（Sheldon Lee Glashow，1932～）、溫伯格（Steven Weinberg，1933～）和巴基斯坦的物理學家薩拉姆（Abdus Salam，1926～1996）等人倡議「電弱統一理論」（也稱WS理論（Weinberg-Salam theory））。該理論是將電磁力和弱力予以統一的理論。另外，在1970年代初葉，有科學家倡議將此二力再加上強力的「**大一統理論**」（grand unification theory，GUT）。該理論目前尚未完成，但是已經可以看到清楚的道路。

結果，諷刺的是，重力是四力中最後仍未獲得統一的力。現在，科學家正在研究將重力也包括其中，企圖統一四個基本作用力的「**終極理論**」。最有可能成為終極理論的其中一個候選理論就是「**超弦理論**」（superstring theory）。

▌宇宙是由「弦」所構成？

長期以來，基本粒子物理學都建構在基本粒子是沒有大小的「點」上面。**但是超弦理論卻認為所有的基本粒子都是「弦」（string）**。以弦的振盪方式不同，來對應說明各式各樣不同的基本粒子。

超弦理論與大一統理論最大的不同在於一開始就將重力納入理論中。因此，學界認為超弦理論可能是最接近能將所有力都統一的終極理論。

超弦理論中有個相當值得玩味的預言，該預言認為**弦存在於「9維空間」（10維時空）或是「10維度空間」（11維時空）**。但是，由於6或者是7維空間捲縮的十分微小，所以我們只能辨識到3維空間。再者，認為我們居住的世界宛如浮在高維空間中的膜，我們無法從這個膜脫離的假說也是從超弦理論衍生出來的，這樣的說法稱之為「膜世界」（brane world，上面插圖）。

高維世界真的存在嗎？現在，就像在第114頁中介紹的，科學家驅使「LHC」等加速器，檢驗是否有高維空間的存在。

再者，超弦理論也是融合廣義相對論和量子論的理論。科學家認為如果真的能夠完成該理論的話，那麼現代科學至今仍不清楚的「**黑洞中心區域的狀態**」、「**宇宙誕生的瞬間**」等發生在微觀時空中的現象，也都有可能獲得闡明。

愛因斯坦戮力想要完成的研究題目「力的統一」，如今改變形式，繼續存在於現代物理學中。　　　　　　🪐

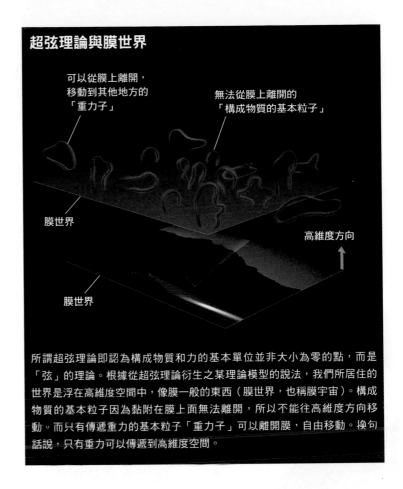

超弦理論與膜世界

可以從膜上離開，移動到其他地方的「重力子」

無法從膜上離開的「構成物質的基本粒子」

膜世界

膜世界

高維度方向

所謂超弦理論即認為構成物質和力的基本單位並非大小為零的點，而是「弦」的理論。根據從超弦理論衍生之某理論模型的說法，我們所居住的世界是浮在高維度空間中，像膜一般的東西（膜世界，也稱膜宇宙）。構成物質的基本粒子因為黏附在膜上面無法離開，所以不能往高維度方向移動。而只有傳遞重力的基本粒子「重力子」可以離開膜，自由移動。換句話說，只有重力可以傳遞到高維度空間。

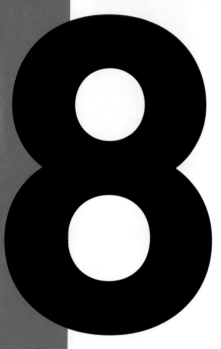

再更詳細一點！相對論

儘管在理論上明白常識無法通用的相對論效應，不過卻難以想像實際看起來會是什麼樣的景象。在第8章中，首先介紹電腦模擬所忠實呈現的相對論神奇世界。

從相對論基本公設之一的「光速不變原理」推導出光是「自然界最高速度」的結論。真的沒有其他物質的速度可以比光更快嗎？在第8章的後半部分內文中，我們將驗證是否有可能超越光速。

PART 1

藉由電腦模擬 體驗相對論

造訪超乎常識的神奇世界

如果掉進黑洞，會看到什麼景象呢？科學家利用電腦模擬，忠實地描繪出相對論所預言的世界。讓我們來欣賞這些舉世稱奇的圖像吧！

圖像
山下義行
協助
福江 純

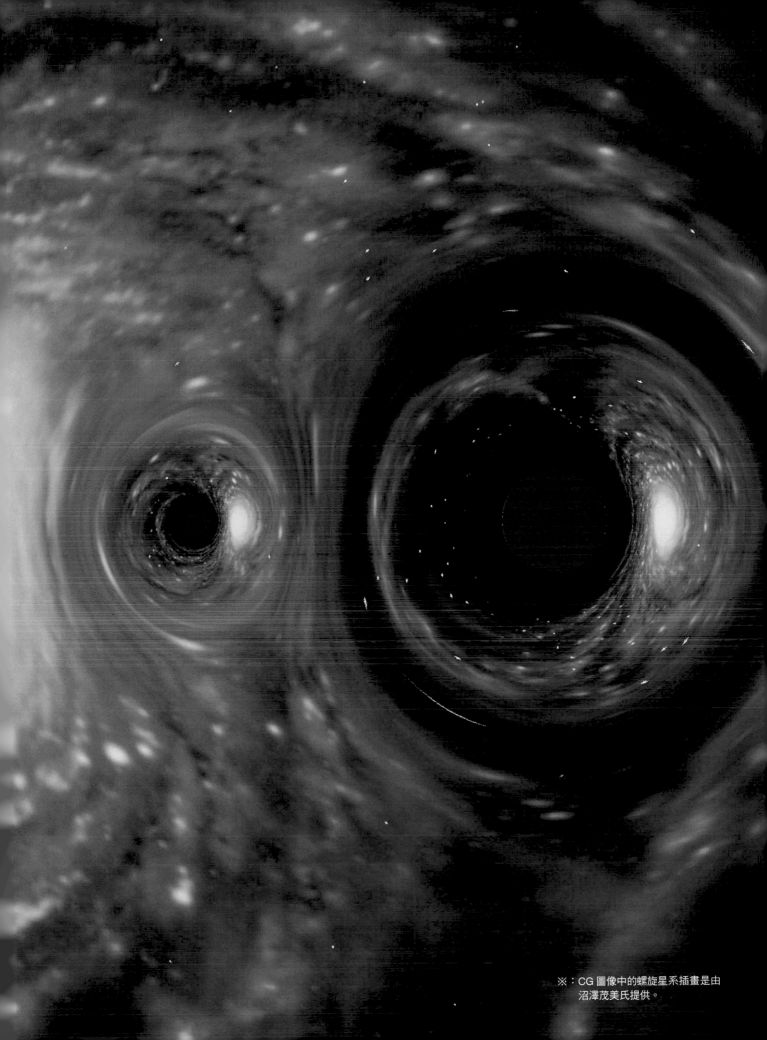

※：CG 圖像中的螺旋星系插畫是由
沼澤茂美氏提供。

理應看不到的格子卻出現在照相機前方

根據相對論，時間與空間並非絕對的，而是會相對地拉長或縮短。從日常感覺來說，真是非常奇妙的說法。當我們在觀看某個物體時，反射自該物體的光會抵達我們的眼睛。也就是說，我們是利用光線看到物體。

光速是有限的，大約每秒30萬公里。這個秒速30萬公里的光速，不管是誰在什麼時候以什麼狀態觀看，都不會改變。即使假設從一艘以每秒29萬公里行進的太空船觀察光，光仍然是以每秒30萬公里的速度行進。這是愛因斯坦在1905年提出的狹義相對論的主要論點之一，稱為「光速不變原理」。

光速是有限的，因此當物體以高速運動時，會帶來特殊現象，這就是「光行差」（aberration of light）與「都卜勒效應」（Doppler effect）。

所謂的光行差，是指我們在一邊高速運動一邊觀看物體時（或者在觀看高速運動的物體時），看起來光是從比原來位置更偏向行進方向的位置發出的現象。

至於都卜勒效應，在「聲音」方面的現象，大家都耳熟能詳，例如一邊鳴著警笛音一邊疾駛的救護車，當車子靠近和車子遠離時，聲音的高低會產生變化。

在光的場合，都卜勒效應是以顏色的變化來呈現。換言之，高速接近的物體發出的光，其波長會縮短，因此帶藍色（藍移）；高速離去的物體發出的光，其波長會拉長，因此帶紅色（紅移）。

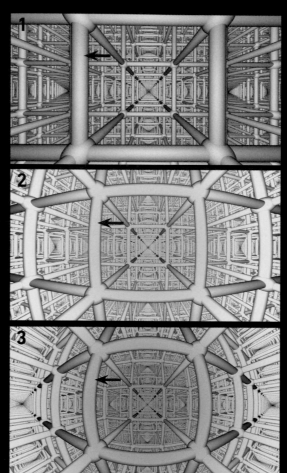

照相機周圍的格子竟然逐漸彎曲了（1～10）

模擬以次光速（sub-light speed）通過一個邊長60萬公里（與太陽半徑差不多）的巨大格子籠的圖像。所謂的次光速，是指幾近光速的速度。圖1是起跑時的景象，速度為零。照相機逐漸提升速度，在格子間前進。這麼一來，正前方的格子（紅色箭頭所指）最初會朝行進方向稍微前進（2），然後朝照相機的方向而來（3），通過照相機往後方跑（4）。另一方面，周圍的格子會往照相機行進的方向扭曲。這種扭曲即為「光行差效應」。在日常感覺中，理應所有格子都會流向照相機的後方，因此這成為一種奇妙的現象。當速度更加提升，實際上就連照相機後方的格子也會朝行進方向扭曲，看到理應看不到的格子（5～10）。

所謂的「光行差」是什麼？

我們在日常生活中，也能體驗到與光行差相似的現象。在一個沒有風的下雨天開車。當車子停止時，雨從正上方筆直落下（左）。但是，一開始走動之後，雨看起來就不是從正上方落下，而是從稍微前方斜斜落下（右）。事實上，並不是雨斜斜落下，而是因為觀測者（車子）在移動才會看起來如此。光也會發生同樣的事情。從高速移動的觀測者來看，看起來光是從比實際更偏向行進方向的位置射過來的。

從靜止的車子看到的景色	從行駛的車子看到的景色

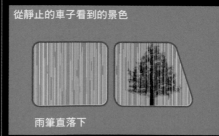

雨筆直落下

行進方向 →

雨看起來從斜前方落下

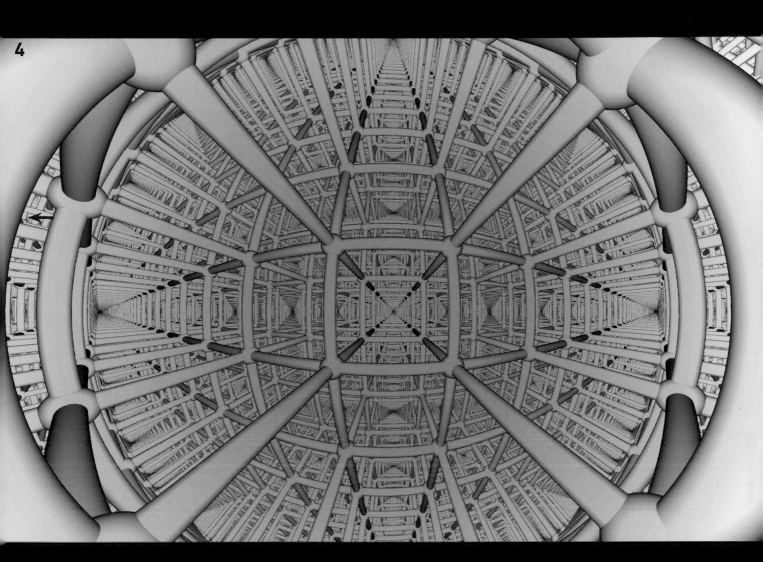

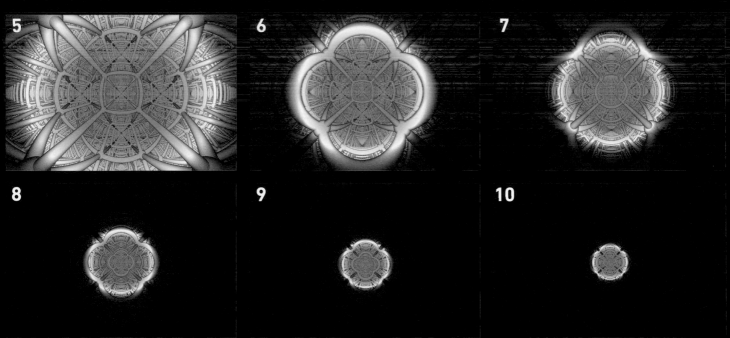

格子聚集在前方,染成鮮紅色(5 ～ 10)

照相機開始移動,接近中的正前方格子因為都卜勒效應而帶有藍色。加快速度繼續行進之後,由於光行差,照相機側面及後面的格子也朝前方扭曲而變成看得到。這些格子,雖然看起來好像是位於前方,實際上卻是在遠離照相機而去。因此,由於都卜勒效應,看起來變成紅色(實際上還含有另一個效應「時間的延遲」,將在次頁介紹)。

不僅顏色會改變，長度也會縮短、旋轉！

根據相對論，高速移動的物體交錯時，對方會往行進方向縮短。速度越快，縮短比例越大，這個現象稱為「勞侖茲-菲次吉拉收縮」（Lorentz-Fitzgerald contraction），也被簡稱為勞侖茲收縮（Lorentz Contraction）。

模擬相對論預言的「長度縮短」，所呈現的是1～4圖像。和右頁上方的A～C圖像相互觀察比較，可發現1～4圖像中的車子長度縮短了。是否只是車子的方向旋轉了呢？或許有人會這麼猜想，但事實上這個時候1～4也和A～C一樣，車子是沿著畫在地上的白線行駛。

因為光行差效應，才看起來在旋轉。這個現象稱為「特勒爾旋轉」（Terrell rotation）。由於車子發生特勒爾旋轉，所以原本應該看不到的車牌變成看得到了（在B的圖像看不到，但在3的圖像看得到）。

一般而言，接近而來的物體會呈藍色，遠離而去的物體會呈紅色。但在實際模擬時卻發現，在即將朝照相機正面過來（2）的前一刻，開始變紅了。這是因為除了單純地接近或遠離所發生的都卜勒效應之外，又加上車子以次光速移動所發生車子的時間延遲效應。

光變成紅色，亦即光的波長拉長。從照相機來看，車子的時間行進變慢了。假設從車子發出的光是一秒鐘振盪一次，但是從照相機看來，卻變成例如3秒鐘一次的「緩慢」振盪。換句話說，光的波長被拉長了，因此看起來變成紅色。

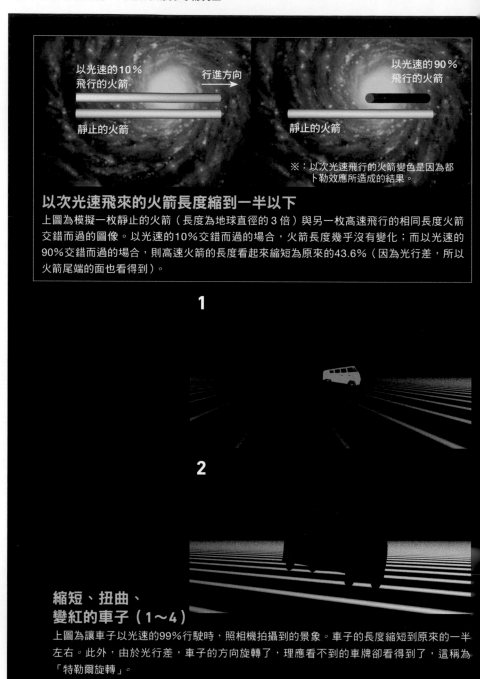

以次光速飛來的火箭長度縮到一半以下

上圖為模擬一枚靜止的火箭（長度為地球直徑的3倍）與另一枚高速飛行的相同長度火箭交錯而過的圖像。以光速的10%交錯而過的場合，火箭長度幾乎沒有變化；而以光速的90%交錯而過的場合，則高速火箭的長度看起來縮短為原來的43.6%（因為光行差，所以火箭尾端的面也看得到）。

※：以次光速飛行的火箭變色是因為都卜勒效應所造成的結果。

以光速的10%飛行的火箭
靜止的火箭
行進方向
以光速的90%飛行的火箭
靜止的火箭

1

2

縮短、扭曲、變紅的車子（1～4）

上圖為讓車子以光速的99%行駛時，照相機拍攝到的景象。車子的長度縮短到原來的一半左右。此外，由於光行差，車子的方向旋轉了，理應看不到的車牌卻看得到了，這稱為「特勒爾旋轉」。

順帶一提，所謂的特勒爾是指物理學家特勒爾（James Terrell）。1959年，他發現了以次光速運動的物體不僅會縮短，而且會旋轉。

在模擬圖像中，車子的顏色也改變了。以次光速接近而來的車子，最初看起來呈現藍色（1）。接著，當來到照相機正面時，車子的顏色看起來呈現紅色（2）。

許多相對論的說明都指出物體以次光速移動時會發生「長度縮短」，但是，事實上如果遇到這樣的場合，不僅長度會縮短，而且會發生特勒爾旋轉及顏色的變化。雖說是在電腦裡面，但這個使車子「實際」行駛的模擬真是有趣極了。

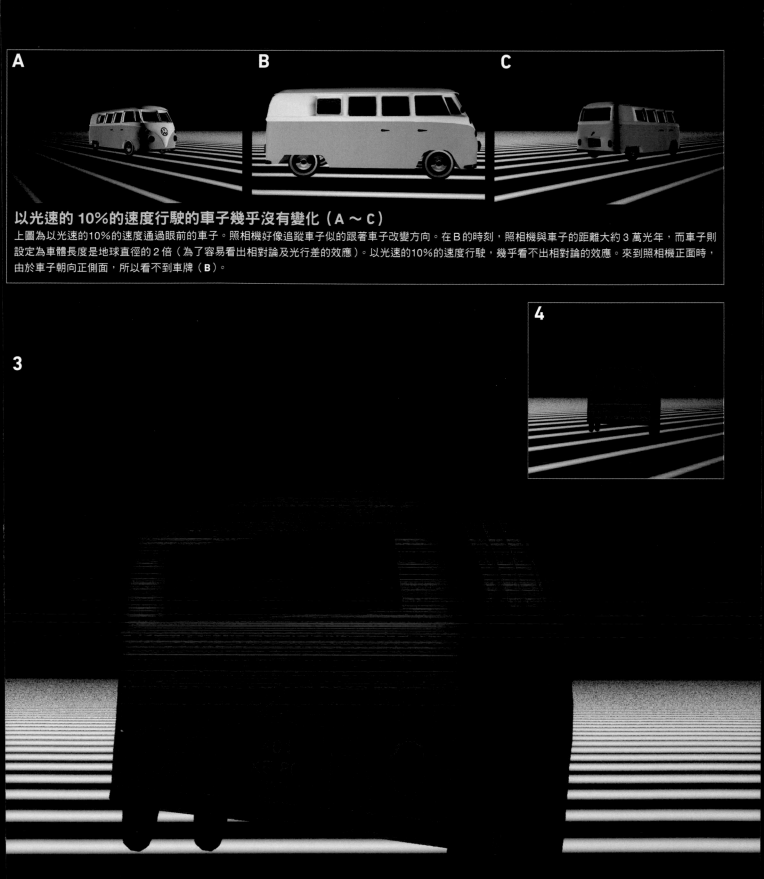

以光速的 10%的速度行駛的車子幾乎沒有變化（A ～ C）

上圖為以光速的10%的速度通過眼前的車子。照相機好像追蹤車子似的跟著車子改變方向。在 B 的時刻，照相機與車子的距離大約 3 萬光年，而車子則設定為車體長度是地球直徑的 2 倍（為了容易看出相對論及光行差的效應）。以光速的10%的速度行駛，幾乎看不出相對論的效應。來到照相機正面時，由於車子朝向正側面，所以看不到車牌（B）。

兩個黑洞錯身而過

本頁圖像所表現的是遠處有一個星系，在其前方有兩個黑洞（灰色的圓，質量比為1：4）繞著共同的質心公轉。在**1～5**之間為質量小的黑洞通過大的黑洞前方。

黑洞為擁有強大重力的天體。根據相對論，由於這個強大的重力，周圍空間會扭曲。由於空間扭曲，使得黑洞後方星系發出之光的行進路徑會彎曲，導致集結而成的星系圖像出現扭曲，這個現象稱為「重力透鏡效應」（gravitational lensing effect）。

在這個電腦模擬中，只有設定一個星系。儘管如此，卻可看到兩個小星系分別出現在兩個黑洞的右側，這就是重力透鏡的效應。

錯身而過的黑洞也會受到重力透鏡的影響，在 **4** 號圖像中，通過小黑洞後方的大黑洞呈現出分裂的影像。

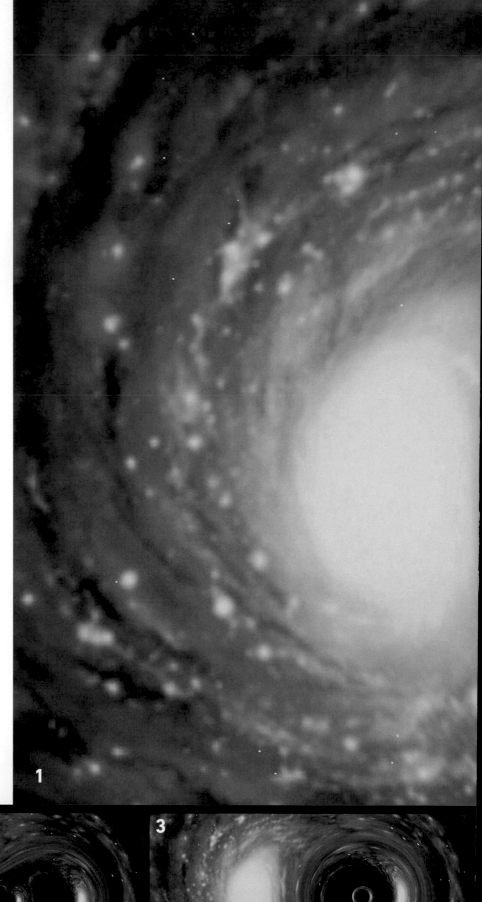

1

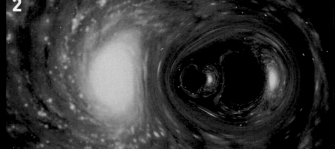

2

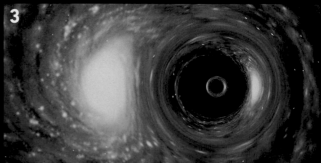

3

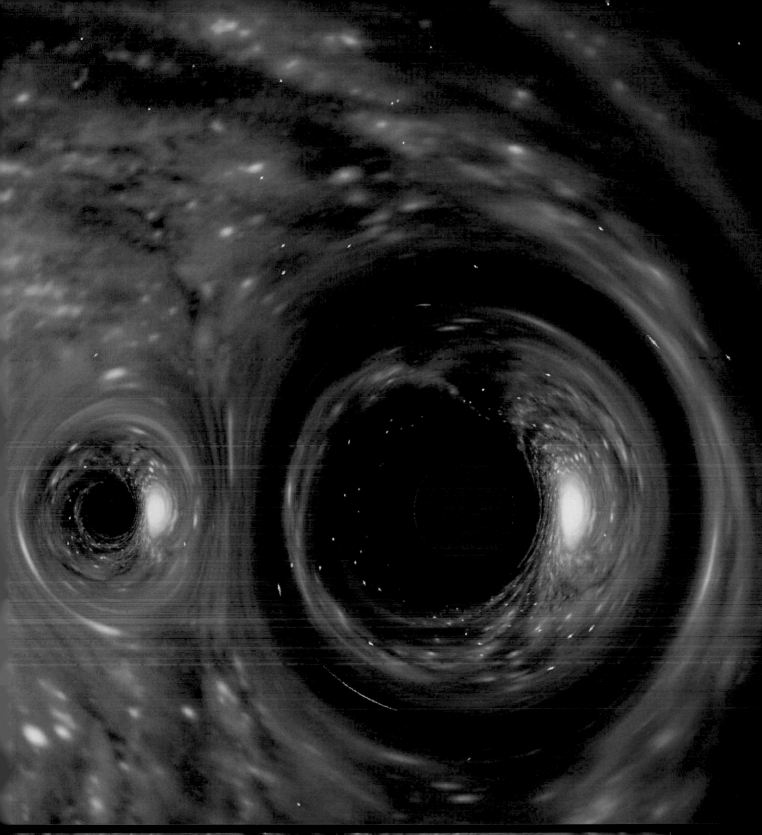

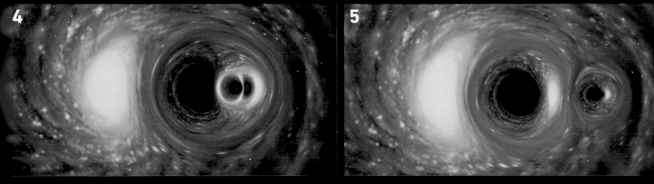

4

5

黑洞拋擺

由於強大重力，星系的影像產生巨大扭曲

在宇宙空間航行的探察機，改變速度或方向時所採取的方法稱為「拋擺」（swing-by，也稱繞行星變軌）。探察機利用地球及木星的重力，可耗費最少的燃料改變行進路線。

此時所看到的景色，即為**A**～**E**的圖像。裝設在探察機上的照相機，設定為在最接近地球之前是朝向行進方向，但是在離去時是回頭朝向地球。（請參照下圖）。

如果把這個地球換成黑洞，則成為**1**～**6**的圖像。會看到什麼樣的景色呢？

如同前頁所看到的一樣，擁有強大重力的黑洞的周圍空間被扭曲了。由於空間扭曲，通過此處的光也彎曲了。這個現象稱為「重力透鏡效應」。

利用黑洞做拋擺時，首先會看到因為重力透鏡效應而扭曲的星系影像。星系分裂，在黑洞左側也看得到星系的影像。

隨著越來越靠近黑洞，最初會因為光行差和都卜勒效應，致使星系變小並呈現藍色。從黑洞離去時，因為光行差和都卜勒效應的影響，星系變大並呈現紅色。

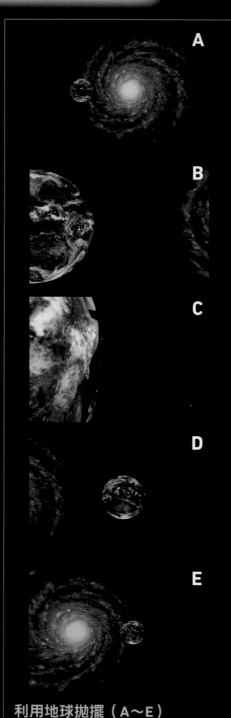

利用地球拋擺（A～E）
在模擬中，為了容易明白位置，特意在地球的遠側放置一個假想的星系。**A**、**B**為探察機向地球靠近時所看到的景象。探察機最接近地球（**C**），之後，逐漸遠離（**D**、**E**）。利用地球做拋擺，星系的影像並沒有因為重力透鏡而產生扭曲，而且看不出光行差及都卜勒效應。

拋擺的軌跡

目的地

出發點

照相機　用來進行拋擺的天體

星系

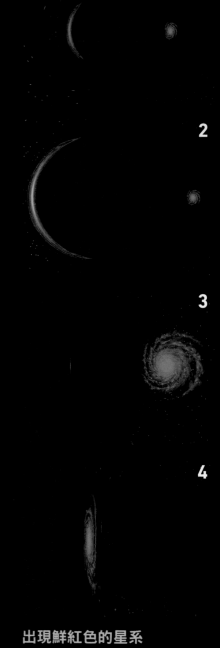

出現鮮紅色的星系（1～6）
由於黑洞的重力透鏡效應，星系看起來扭曲而分裂（**1**）。探察機在**1**的時刻以次光速運動，所以由於光行差及都卜勒效應，星系變小並且呈現藍色。繼續前進後，星系一度從視野消失（**3**之後瞬間），光線沿著黑洞的周圍旋轉進入，所以再度看得到星系（**4**）。即使開始離開黑洞，星系仍殘留在黑洞右側，再者因為光行差及都卜勒效應而變大，並且呈現紅色（**5**、**6**）。

5

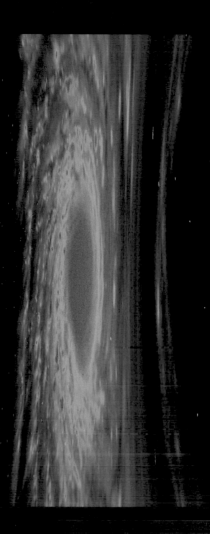

6

看見原本應當位於背後的黑洞了！

往黑洞高速自由落下（順著重力落下）的情形（A～D），與一邊逆噴射一邊極緩慢落下的情形（1～6），所看到的景色迥然不同。

圖像中，由遠而近依序排列著星系、火箭、照相機（探察機）、黑洞。照相機設定為一邊拍攝星系和火箭，一邊往背後的黑洞落下。也就是說，黑洞位於版面的前方，讀者的身前。

自由落下時，星系和火箭因為都卜勒效應而呈現紅色。而且，星系由於光行差而變大。

另一方面，一邊逆噴射一邊以極緩慢速度落下時，來自星系及火箭的光，受到黑洞強大重力的影響，而呈現藍色（重力藍移）。在重力極為強大的地方，觀測者極緩慢地移動（或靜止）的話，會產生射來的光之波長變短的特殊效應。此外，在黑洞附近，由於光線扭曲，導致星系和火箭看起來變小了。

雖然同樣是往黑洞落下，但因為落下的速度不一樣，所看到的景色也就不一樣。

當以逆噴射落下時，隨著越來越靠近黑洞，有越來越廣範圍的恆星集中到視野中央。這是因為被黑洞的重力所扭曲的光線抵達了照相機的緣故（請參考右頁下方的模式圖）。到最後，就連原本應當位於背後的黑洞也侵入了視野（6）。

雖然明白相對論效應的相關道理，但大部分都是在做了模擬之後才第一次知道實際上會看到什麼景象。希望各位在欣賞圖像的同時，也能重新感受一下理論的不可思議之處。　🪐

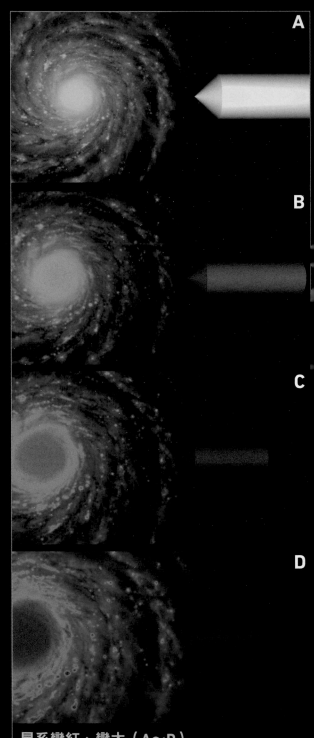

星系變紅、變大（A～D）

上圖為背朝黑洞而自由落下時所看到的景色。看起來星系變紅了，而且因為光行差的影響而變大了。另一方面，火箭則一邊變紅一邊遠離而去。火箭原本位於靠近照相機的地方，所以比起光行差的影響，單純離去的效應較大，因而漸漸變小。

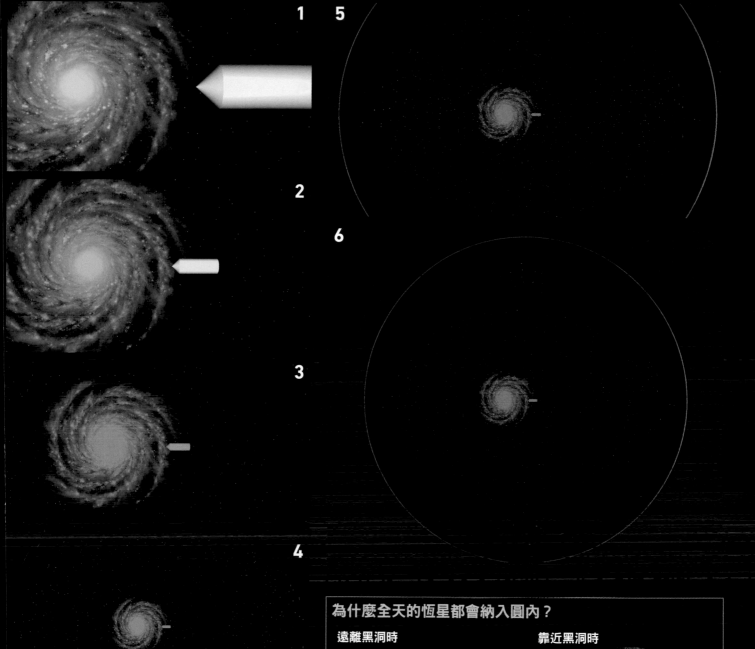

1

2

3

4

5

6

星系變藍、變小（1～6）

一邊逆噴射一邊往黑洞極緩慢地落下時，星系與火箭看起來都是變藍且變小。這是在重力極為強大的地方所看到的特殊現象。由於光泉嚴重扭曲，看起來全天的恆星都納入一個圓內，原本應當位於背後的黑洞則包圍著圓（6）。

為什麼全天的恆星都會納入圓內？

遠離黑洞時　　　　　　　　**靠近黑洞時**

星系
火箭
照相機
恆星
探察機
黑洞

探察機在距離黑洞很遠的地方時，進入照相機的光，全部來自照相機所面對方向上的星系及恆星（左圖。白線表示光的路徑）。

但是在黑洞附近，由於黑洞的強大重力，光的路徑扭曲了，導致恆星的視位置大幅偏離。結果，看起來全天的恆星彷彿都位於照相機的正面。

PART 2

超光速有可能實現嗎？

根據相對性原理，光速具有「自然界最高速度」的特別意義。

真的沒有任何物質的速度可以超越光速嗎？這麼說來，人類真的不可能開發出超光速火箭，能夠瞬間就移動到遙遠彼方的恆星囉？另外，有研究者認為只要實現超光速通訊，就能夠與「過去通訊」。為什麼超越光速就能夠與過去通訊呢？

在PART2中，將徹底檢驗超越自然界最高速度「光速 c」的可能性，一起來探索吧！

協助
福江 純

倘若燈能快速移動，光就能以超光速行進！？

　　讓我們想像從地球發送信息到月球上的情形吧！**地球與月球的距離大約38萬公里，因此若以秒速30萬公里的光來傳送信息的話，大約需要1.3秒才能送抵月球。**換句話說，如果能以比1.3秒還要短的時間從地球將信號或物體送抵月球的話，就表示其傳送速度超越光速了。

　　舉例來說，從以光速之0.6倍（每秒20萬公里）速度行進的火箭發射出光時的情形。根據相對論，**不論是從以超快速度行進的火箭中發出的光，或是從固定在地球上之裝置發出的光，同樣都是以每秒30萬公里的速度行進。**這就是光的速度恆常維持不變的「光速不變原理」（第2章。速度的加法請看第3章的Column 1）。

　　倘若光無法藉由加速而超越光速的話，那麼是否還有其他方法能夠實現超光速呢？從地球朝月球發射光訊號，光訊號大約1.3秒抵達月球。但是，如果使用與地球、月球皆有一段距離的太空船，進行下面步驟，或許能在比1.3秒更短的時間內將光訊號從地球傳送到月球也說不定。

　　首先，在地球與月球之間設置很長的屏幕。太空船上光發射裝置所發出的光投射在該屏幕的地球端。然後在1秒內迅速移動光發射裝置的方向，讓它從地球轉向月球。於是，地球與月球間的光點在1秒內移動（插圖）。換句話說，**屏幕上的光點以超光速的速度移動。**

　　該情形與速度加法無關。倘若能夠迅速移動太空船上的光發射裝置的話，光點就能實際以超光速從地球往月球移動。這樣的情況難道沒有與光速不變原理（相對論）有衝突嗎？鑽研相對論的日本大阪教育大學福江純教授表示：「**上述情形與相對論並無矛盾。因為在此例中，僅是太空船所發出的光以極短的時間差分別抵達地球和月球，而非從地球發出的光以超光速行進。**」

能否傳遞訊息是重點

　　「在屏幕上以超光速移動的光點」這個例子，可以說僅僅是「視覺上的超光速現象」。福江教授表示：「**就外表分辨超光速現象究竟是視覺上的，或者是移動速度的確超越光速的重點**

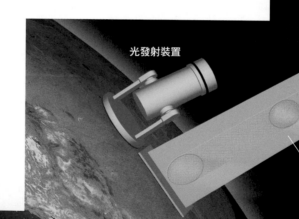

光發射裝置

張立在地球與月球之間的屏幕

地球

以超光速朝月球而去的光點

假設有面宛如連接地球與月球的屏幕張立在太空中。從漂浮在宇宙空間中之太空船的光發射裝置朝屏幕投射光，於是屏幕上面就會映出光點。倘若光發射裝置在1秒內迅速地從地球往月球方向移動的話，屏幕上的光點就會在1秒內（超光速）從地球移動到月球。若光發射裝置的移動速度再快一點的話，光點還能更迅速移動。

又，即使移動太空船的裝置，屏幕上的光點也不會立即移動。舉例來說，如果太空船與屏幕的距離是60萬公里的話，因為光從太空船到屏幕需要2秒鐘的時間，所以在太空船的裝置移動經過2秒後，屏幕上的光點才會開始移動。

在於『能否傳遞訊息？』這件事上。」

　　就以從地球朝月球發射光為例來說，倘若藉由像摩斯密碼（Morse code）般讓光閃爍，的確能夠將訊息從地球傳送到月球。不過因為通訊速度是光速，所以通訊時間得花1.3秒。

　　另一方面，在使用太空船讓光點在屏幕上移動的方法中，光點以超光速從地球抵達月球，不過，因為只有從太空船發出的光抵達地球與月球，地球無法傳送任何訊息給月球。

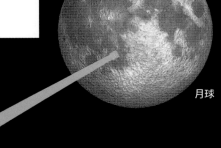

月球

光點在屏幕上以超光速移動，比從地球發射的光早一步抵達月球

從地球發射的光
（花 1.3 秒抵達月球）

光點以超光速移動的機制

若在 1 秒內將位在太空船之光發射裝置的方向從地球移往月球方向，則位在屏幕上的光點也會在 1 秒內從地球移動到月球。雖然看起來光點好像以超光速移動，然實際上從太空船陸續發出的光，只不過是陸續抵達屏幕上而已。

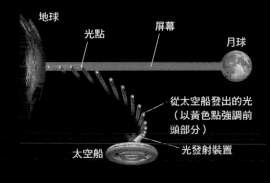

地球　　光點　　屏幕　　月球

從太空船發出的光
（以黃色點強調前頭部分）

太空船　　　　光發射裝置

從太空船發出的光有時間差地陸續抵達屏幕（看起來像是光點在移動）

來自太空船的光抵達月球端的屏幕（光點抵達月球）

將光發射裝置的方向
1 秒內從地球朝向月球

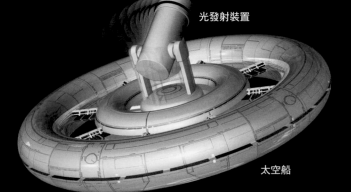

光發射裝置

太空船

若以長棒連接的話，能否瞬間傳遞訊息呢？

接 下來，讓我們來思考以極為堅硬之材質製成的長棒橫跨在地球與月球之間（約38萬公里）的情形。倘若將堅硬長棒往前後輕微移動，像摩斯密碼般傳遞訊號的話，光需要1.3秒才能到達的距離，長棒似乎可以毫無時間差（0秒）地將訊息傳遞至月球。

原子間的訊息傳遞需要時間

讓我們先說結論吧！不管使用什麼材質做成的長棒，都無法以比光更快的速度傳遞訊息。例如，假設我們使用 1 公尺長的硬棒來推某物體。外表來看棒是一體的，靠身體這端跟另一端，棒的動作看起來並無時間差。然而，**實際上，不管多麼堅硬的棒子都會有些許的變形（撓曲、伸縮），棒在手邊這端和 1 公尺前端的動作會有些微的時間差。**

將棒放大成橫跨在地球和月球之間，長38萬公里的長棒來看，就能夠觀察到構成棒子的原子排列情形（插圖）。原子與原子是藉由離子鍵、金屬鍵、共價鍵等來鍵結，**就好像原子和原子之間有「微彈簧」連結著一般。**

舉例來說，倘若從地球這端用力去推長棒，「推」這個動作的影響會從推的這端依序藉由原子間的「微彈簧」伸縮來傳遞出去。**動作影響在相鄰原子間的傳遞速度絕對不可能超越光速。** 將影響從棒的這端傳遞到那端時，必須透過位在原子間無數的「微彈簧」。當然，**若就整支長棒來思考的話，那就是說動作的影響只能夠以比光速還要慢的速度來**

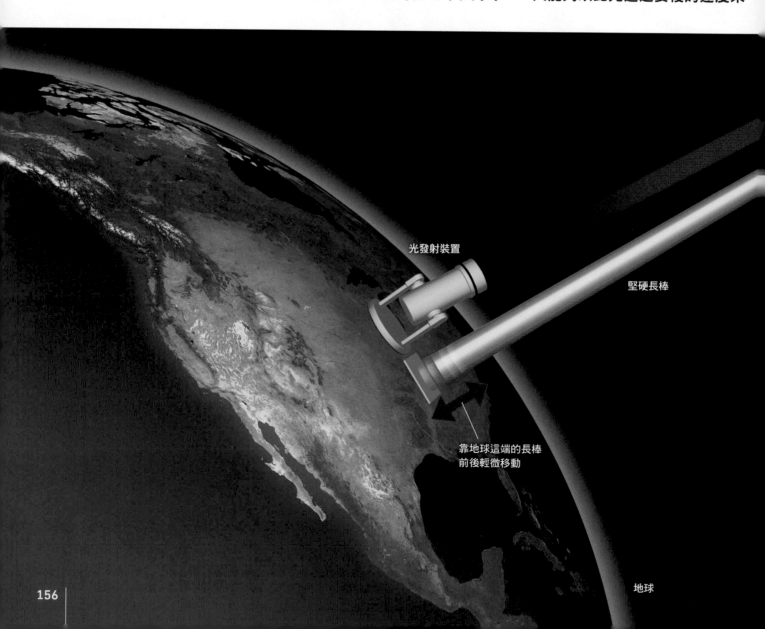

光發射裝置

堅硬長棒

靠地球這端的長棒
前後輕微移動

地球

傳遞。

其實並非僅是推這個動作，將長棒往旁邊揮動或是彎折它，結果也都一樣。動作影響在由原子所構成之物質中，僅能以低於光速的速度來傳遞。「動作影響的傳遞速度因構成棒子的材質而異，最快應該跟聲音在棒中的傳遞速度差不多」（福江教授）。

例如，聲音（振動）在鐵內部的傳遞速度每秒約 5 公里左右。如果連接地球與月球的長棒是鐵製的話，移動地球這端的長棒，經計算，該動作影響大約需20小時以上才能傳遞到月球。

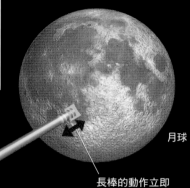

月球

長棒的動作立即
傳遞至月球？

從地球發射的光
（抵達月球需花 1.3 秒）

放大

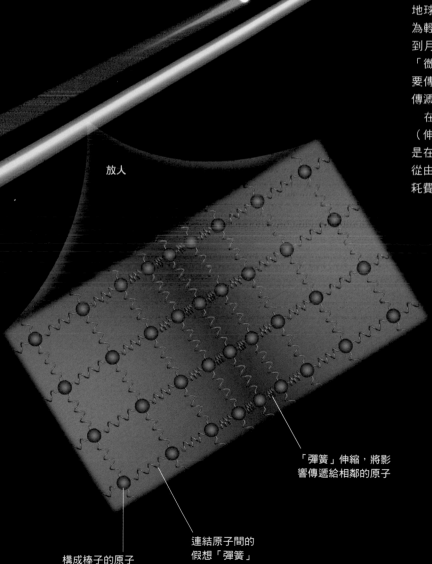

構成棒子的原子

連結原子間的
假想「彈簧」

「彈簧」伸縮，將影
響傳遞給相鄰的原子

若以長棒直接傳遞訊號的話……

地球與月球之間橫跨著一根長約38萬公里的長棒。一般認為輕輕移動長棒，藉由長棒的動作可以將訊息從地球傳遞到月球。放大圖是模式化繪出構成長棒的原子間，透過「微彈簧」來傳遞動作影響的情形。棒端原子移動的影響要傳遞到另一端的原子時，必須透過無數的微彈簧，所以傳遞速度絕對不可能超越光速。

在物理學上，有一種不論施加什麼樣的力都不會變形（伸縮等）的理想物體，此稱為「剛體」（rigid body）。但是在現實世界中，這種完全的剛體並不存在。當某種動作從由原子所構成之物體的一端傳遞到另一端時，一定需要耗費某種程度的時間。

巨大圓盤可能超光速旋轉嗎？

讓我們想想是否還有其他可能超越光速的方法。舉例來說，讓巨大的圓盤高速旋轉，是否有可能超越光速呢？圓盤旋轉時，外側的轉速比內側快。倘若我們讓半徑50公里的巨大圓盤每秒旋轉1000轉，則圓盤最外側的旋轉速度將達到每秒31.4萬公里，計算上便超越光速了。

然而現實上是否可能發生這種事呢？舉例來說，若是以位在圓盤中心之軸的力量讓圓盤旋轉的話，使旋轉的力係從中心部分的原子往周圍原子傳遞，該影響的傳遞速度無法達到光速。此外，傳遞的時間差會導致圓盤的內側與外側產生拗曲。「只要是使用現實世界中的材料，圓盤在旋轉速度超越光速之前，應該就已經無法承受拗曲等所造成的變形而毀壞了」（福江教授）。

位在遙遠彼方的星系，退離地球的速度比光快！

根據相對論的說法，任何物體的移動速度都不可能比光還要快。然而，**位在距離地球非常遙遠彼方的星系，以比光還要快的速度（超光速）退離地球。**

1929年，美國的天文學家哈伯（Edwin Powell Hubble，1889～1953）發現距離地球越遠的星系，退離地球的速度越快。在此我們省略詳細說明，就結論而言，此觀測事實顯示**「宇宙空間在膨脹」**。

根據觀測，星系自地球退離的速度和與地球的距離成正比。距離地球20億光年之遙的星系，其退離速度是距離地球10億光年之星系的2倍，此稱為**「哈伯定律」（Hubble law）**。依據該定律，隨著距離越遙遠，退離速度越快，最後就超越光速了。

「舞台」本身遠離了

遙遠彼方的星系以超光速退離的現象，與認為物體絕不可能以超光速移動的相對論有無矛盾呢？福江教授表示：**「因為宇宙膨脹的關係，星系的退離速度超越光速，這件事並無問題。因為實際上，星系的移動速度並未比光快。」**

空間就是物體移動的「舞台」。相對論所禁止的是位在相同「舞台」時的移動速度超越光速。換句話說，當物體與光位在同一起跑線競速時，移動速度絕對不可能比光快。「舞台」以超光速遠離與相對論並無矛盾。

能確認是否以超光速移動嗎？

即使從以超光速遠離的星系（例如：插圖中的D星系）朝地球發射光，因為星系所在區域本身以比光還要快的速度遠離，所以**光完全無法接近地球**。這就像我們在上行的手扶梯上面往下走一樣，如果我們往下走的速度比手扶梯的上行速度慢的話，結果還是被帶上去了。

換句話說，**無論經過多久時間，我們都無法見到以超光速遠離的星系樣貌。**以光速遠離的場所是分界線，該分界線的另一邊是我們無法觀測到的，所以該分界線也稱之為「宇宙盡頭」。

但是，如果宇宙的膨脹速度在宇宙的歷史長河中會改變而逐漸變緩的話，那麼星系的退離速度也會跟著變慢。在這樣的情況下，因為退離速度從超光速轉為光速以下，所以星系所發出的光便有可能經過漫長時間抵達地球（可觀測）。

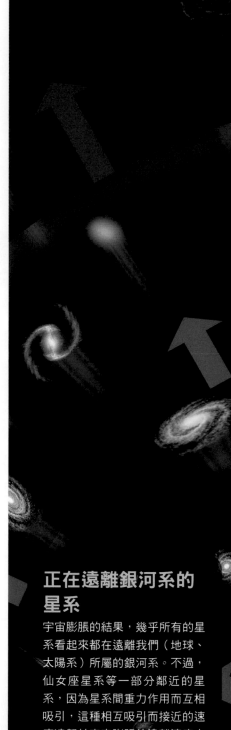

正在遠離銀河系的星系

宇宙膨脹的結果，幾乎所有的星系看起來都在遠離我們（地球、太陽系）所屬的銀河系。不過，仙女座星系等一部分鄰近的星系，因為星系間重力作用而互相吸引，這種相互吸引而接近的速度凌駕於宇宙膨脹的遠離速度之上，因此正在朝銀河系接近中。

又，宇宙並非以銀河系為中心膨脹。「距離越遠的星系看起來退離的速度越快」這個哈伯定律，不管從哪個星系來看都成立（右下插圖）。

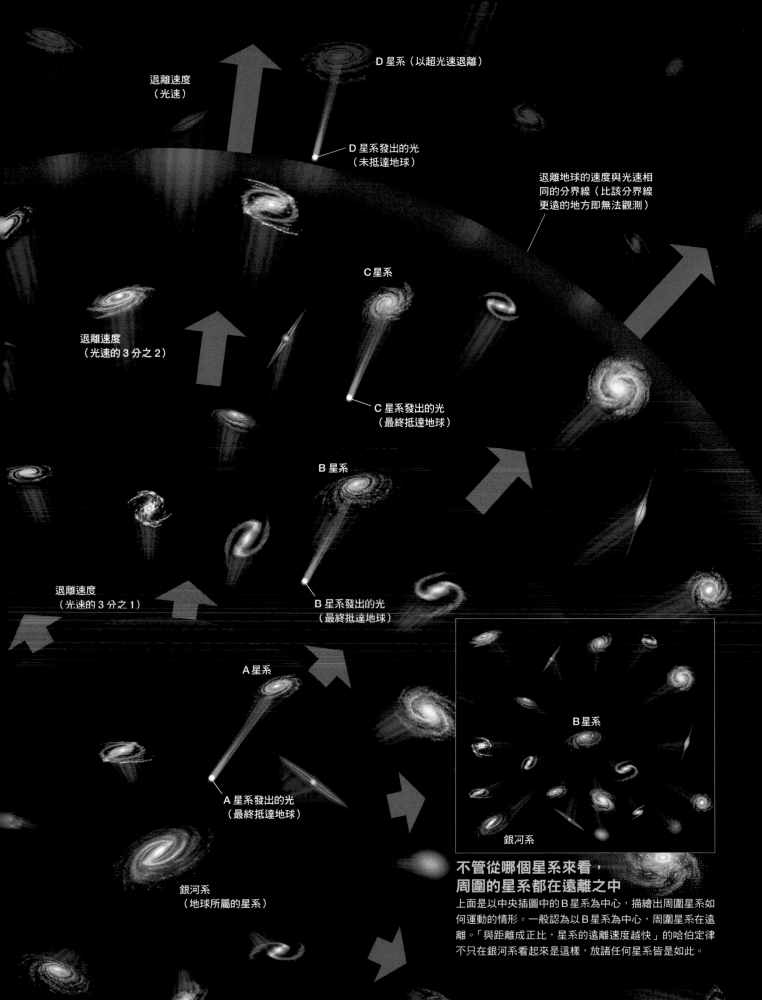

退離速度
（光速）

D 星系（以超光速退離）

D 星系發出的光
（未抵達地球）

退離地球的速度與光速相
同的分界線（比該分界線
更遠的地方即無法觀測）

C 星系

退離速度
（光速的 3 分之 2）

C 星系發出的光
（最終抵達地球）

B 星系

退離速度
（光速的 3 分之 1）

B 星系發出的光
（最終抵達地球）

A 星系

A 星系發出的光
（最終抵達地球）

B 星系

銀河系

銀河系
（地球所屬的星系）

不管從哪個星系來看，
周圍的星系都在遠離之中

上面是以中央插圖中的 B 星系為中心，描繪出周圍星系如
何運動的情形。一般認為以 B 星系為中心，周圍星系在遠
離。「與距離成正比，星系的遠離速度越快」的哈伯定律
不只在銀河系看起來是這樣，放諸任何星系皆是如此。

超光速的噴流在宇宙各處噴出？

位在室女座方向上，距離地球大約25億光年的天體「3C 273」是一種會發出強烈無線電波，被稱為「類星體」（quasar）的天體。從3C 273猛烈地噴出電子等高速粒子，形成稱為「噴流」（jet）的結構（下面圖像）。

根據觀測，從3C 273噴出的噴流看起來宛若以光速的8倍速度噴出。另外，也觀測到數個3C 273以外的天體以超光速噴出噴流的情形。

只有朝地球接近這部分的光較快抵達

科學家認為這種超光速噴流其實僅是視覺上的超光速現象。換句話說，**實際的噴流噴出速度並未超光速**。

舉例來說，假設我們觀測到從某個類星體噴出的噴流在3年內從A地到B地大約延伸了4光年之遙（右頁的1和2）。由於1光年等於光一年所前進的距離，於是**就會讓人以為噴流一年大約前進了1.3光年的距離，噴流的速度約是光速的1.3倍**。

插圖3和4是從不同角度所看到的噴流。在1和2中，噴流看起來只往橫向前進，但是從3和4來看的話，就能清楚看到**實際是往地球的方向靠近**。位在極遙遠彼方的天體，從觀測圖像來看，通常無法判斷究竟是往身前或是身後移動。

從4來看，噴流從A地到B地，10年間大約前進了8光年的距離，所以**噴流的實際速度是光速的0.8倍（80％）**。此外，噴流的前端（B地）在10年間朝地球方向接近了大約7光年的量。因此，10年前噴流前端位在A地時所發出之光的前端，在現在的噴流前端（B地），與地球的距離差僅約3光年。此意味了在現階段，從B地放出的光，會在10年前從A地放出之光抵達地球的大約3年後抵達地球。該結果導致在地球上所看到的就像2所示一般，噴流在3年內行進了4光年的距離。

因為噴出的速度與方向的關係，有時候視覺上看起來好像噴流正在以光速的好幾倍速度行進一般。

上面照片是室女座的全貌（攝影：藤井旭），紅色箭頭所示場所有類星體「3C 273」。

右邊圖像是哈伯太空望遠鏡所拍攝到的3C 273。圖像中可以清楚看到往3C 273右下方延伸的噴流的一部分。3C 273的噴流長度達20萬光年（約200京公里）。3C 273等類星體的中心區域存在巨大的「黑洞」（black hole），科學家認為位在黑洞周圍的氣體以噴流的形式噴出。

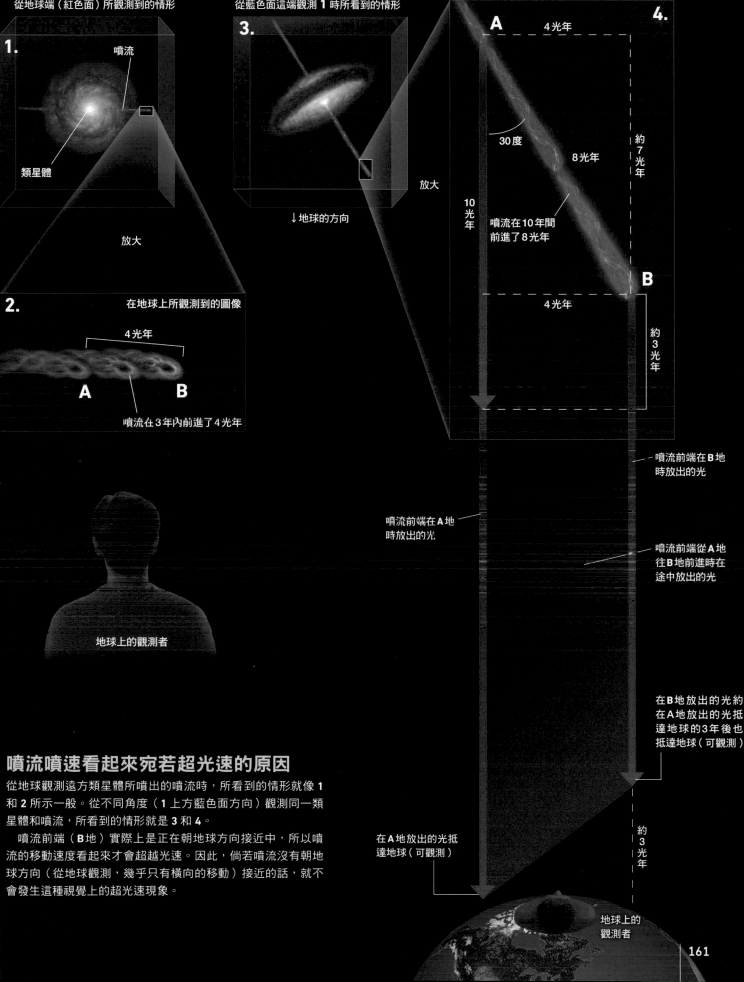

1.

從地球端（紅色面）所觀測到的情形

噴流

類星體

放大

2.

在地球上所觀測到的圖像

4光年

A　　　　　B

噴流在3年內前進了4光年

3.

從藍色面這端觀測 **1** 時所看到的情形

↓地球的方向

放大

4.

A

4光年

30度

8光年

10光年

噴流在10年間前進了8光年

約7光年

B

4光年

約3光年

噴流前端在**B**地時放出的光

噴流前端在**A**地時放出的光

噴流前端從**A**地往**B**地前進時在途中放出的光

地球上的觀測者

在**B**地放出的光約在**A**地放出的光抵達地球的3年後也抵達地球（可觀測）

在**A**地放出的光抵達地球（可觀測）

約3光年

地球上的觀測者

噴流噴速看起來宛若超光速的原因

從地球觀測遠方類星體所噴出的噴流時，所看到的情形就像 **1** 和 **2** 所示一般。從不同角度（**1** 上方藍色面方向）觀測同一類星體和噴流，所看到的情形就是 **3** 和 **4**。

噴流前端（**B**地）實際上是正在朝地球方向接近中，所以噴流的移動速度看起來才會超越光速。因此，倘若噴流沒有朝地球方向（從地球觀測，幾乎只有橫向的移動）接近的話，就不會發生這種視覺上的超光速現象。

若在水中的話，會有高速電子的速度超越光！

其實就算不觀測宇宙的遙遠彼方，也能在盛水的杯中看到超光速現象的發生。**從太空中飛來的「微中子」，很偶然的與水中的原子碰撞，因為這樣的撞擊，電子被敲出，以比光還要快的速度移動。**這並非只是視覺上的現象，電子的移動速度的確比光還要快。

光在水中的速度大約降低至僅真空中的75%

即使電子在水中以比光還要快的速度移動，也與相對論沒有衝突。這是因為相對論所說「一定」且「無法超越」，指的是「真空中的光速」。**光在水中的速度大約只有真空中的75%，如果是「在水中速度變慢的光」，應該是可以被超越的。**

大規模觀測微中子所引發之「超光速」現象的實驗設施，就是位在日本的岐阜縣神岡礦山地底下的「超級神岡探測器」（Super-Kamiokande）。**當電子等帶電粒子在水中比光還要快速移動時，會朝粒子行進方向的**斜前方放出特殊的光，此光稱為「契忍可夫光（也稱契忍可夫輻射）」（Cerenkov radiation）。超級神岡探測器利用觀測契忍可夫光而能調查引發契忍可夫光之微中子的性質。

飛機等以比聲速（每秒約340公尺，時速約1220公里）還要快的速度移動時，會產生「震波」（shock wave）。當聲音發生源（聲源）移動的速度超過聲音的速度時，聲源所產生的聲波前將會重疊在一起，聲音變得非常大聲，這就是震波（也稱為衝擊波）。**契忍可夫光的發生機制就跟聲音震波的發生機制類似。**聲源移動的速度比聲速快時所產生的震波，相當於電子等的移動速度比光快時所產生的契忍可夫光。

微中子隨時都會從太空大量降臨到地球，每1平方公分每秒平均約有高達600億個。不過，它們幾乎不會與普通物質發生反應，所以讓我們毫無所知地穿過我們的身體、地球。即使是貯存了5萬公噸的水的超級神岡探測器，據說一天也只能觀測到30個左右的微中子。

利用巨大水槽觀測超光速現象

超級神岡探測器的內部有個直徑和高度皆約達40公尺的巨大水槽。水槽內壁嵌有能夠偵測出微光的「光電倍增管」（photomultiplier tube），以偵測出水槽內發生的契忍可夫光。此頁的探測器全體圖係表現出被光電倍增管所包圍的水槽內部。右頁所繪為產生契忍可夫光的機制。

又，契忍可夫光這個名稱是源自該現象的發現者，前蘇聯的物理學家契忍可夫（Pavel Cherenkov，1904～1990）。

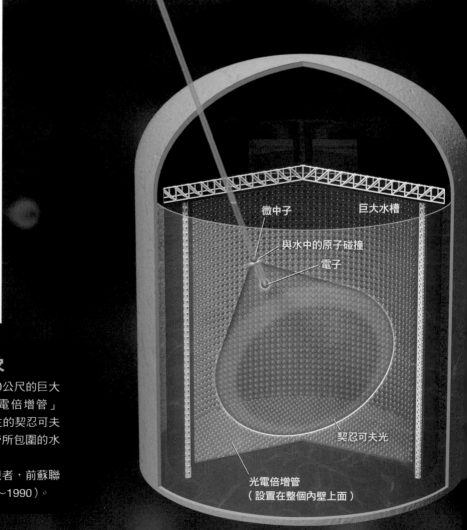

微中子
巨大水槽
與水中的原子碰撞
電子
契忍可夫光
光電倍增管
（設置在整個內壁上面）
超級神岡探測器

1.

水分子

微中子

電子

原子核

2.

契忍可夫光的
行進方向

契忍可夫光

從原子被敲出，
行進速度比光快
的電子

3.

4.

行進速度比
光快的電子

行進速度減慢，
行進速度變得比
光慢的電子

5.

契忍可夫光成環狀擴散

產生契忍可夫光的機制

當外界的微中子飛進水槽時，有時可能會與水中的原子核、電子發生碰撞（上面的 1）。因為碰撞，電子從原子中被敲出。當電子等帶電粒子在水中的行進速度比光還要快時，在朝粒了行進方向的斜前方會發出契忍可大光（2、3）。因為契忍可夫光的發出，喪失能量的電子速度減慢。電子在水中的速度變得比光慢，於是就不會發出契忍可夫光了（4）。而在此之前產生的契忍可夫光成環狀擴散（5）

即使從一開始就存在超光速粒子也無所謂！

根據相對論的說法，任何物體即使再加速，其速度也無法超越光速。另一方面，**就算從一開始就有以超光速移動的物質，也不會與相對論有矛盾。**相對論所禁止的是「原本速度未達光速，經過加速而能超越光速」這件事。

超光速粒子所具備的奇妙性質

1967年，美國的物理學家芬柏格（Gerald Feinberg，1933～1992）**將一開始就能以超光速行進的假想粒子命名為「迅子」（tachyon）。**迅子的英文名稱是源自有「快速的」之意的希臘語「ταχύς」。

跟普通物體一樣，迅子的移動速度可以快也可以慢，但是不管快或慢一定都超越光速。一般所說的普通物質，不管怎麼加速，行進速度都無法超越光速。相反地，無論迅子如何減速，行進速度都無法低於光速。

有個人騎著緩慢的自行車，我們若從背後推他，就能讓自行車的速度變快。換句話說，若要提升物體的移動速度，一般來說就是必須施與某種能量。而迅子卻具有與之相反的性質。亦即，**若施與迅子能量的話，就會減速。迅子若喪失能量的話，就會加速。**具體來說，這就像是從後方將之往前推，就會減速；若是從後面拉（煞車），就會加速一樣，實在是非常奇妙的性質。

右邊插圖是將構成世界的粒子根據「最大可移動速度」分成三種。只能以零以上還不到光速之速度移動的粒子稱為「慢子（亞光速粒子）」（tardyon），在插圖中以藍色表示。換句話說，構成普通物質的粒子就是這種慢子。至於像光、重力這類一直都只能以光速行進的粒子稱為「光速粒子（暫譯）」（luxion）。插圖中以黃色表示。而**經常以比光速還要快的速度行進的粒子就是「迅子」**，插圖中以紅色表示。

又，迅子的存在目前仍未有實證，可以說是現階段僅只於理論預言可能存在的粒子。

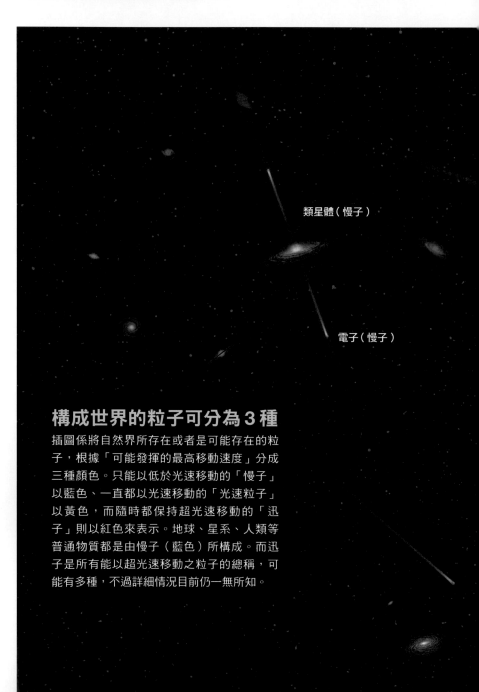

類星體（慢子）

電子（慢子）

構成世界的粒子可分為3種

插圖係將自然界所存在或者是可能存在的粒子，根據「可能發揮的最高移動速度」分成三種顏色。只能以低於光速移動的「慢子」以藍色、一直都以光速移動的「光速粒子」以黃色，而隨時都保持超光速移動的「迅子」則以紅色來表示。地球、星系、人類等普通物質都是由慢子（藍色）所構成。而迅子是所有能以超光速移動之粒子的總稱，可能有多種，不過詳細情況目前仍一無所知。

能量與速度的關係

右邊圖表是迅子、光速粒子、慢子這三種粒子，能量（橫軸）和速度（縱軸）的關係。慢子即使速度為零，還是擁有質量所具的能量（靜止能量）。此外，一般來說，慢子所具能量越大，速度變得越快。不過，慢子的速度無法超越光速（c）。光速粒子則是與能量大小無關，一直都以光速行進。而迅子則具有能量愈小，速度愈快，與慢子恰恰相反的性質。理論上，當迅子的能量為零時，速度變得無限大。

速度

迅子

光速粒子

c

慢子

0

0 　　　　　　　　　　　　　　　　　能量

超新星爆炸

微巾子（慢子）

光（光速粒子）

星系（慢子）

超光速粒子
（迅子）

人造衛星（慢子）

月球（慢子）

地球（慢子）

在地球上已經過10年，但在太空船上卻僅經過8年

倘 若能夠使用以超光速行進的迅子進行通訊的話，那麼**應該就能「與過去通訊」**。舉例來說，今天的你可以發一封信給昨天的你，提醒「回家時要小心錢包，不要遺失了」。

在驗證能否使用迅子的超光速通訊「與過去通訊」之前，首先讓我們確認若是以光速通訊究竟會發生什麼樣的狀況。以光速通訊並不是什麼特殊的通訊方法，無線電波就是一種光（電磁波），所以能夠以光速行進。換句話說，我們平常利用行動電話等所進行的無線電波通訊，就是光速通訊。

太空船中的時間進程看起來很緩慢

假設西元3000年1月1日，科學家開發出能**以光速之60%（0.6倍）的迅疾速度行進的太空船**，從地球出發開始它的太空旅行（插圖1）。在出發10年後的3010年1月，太空船在距離地球6光年之處航行。科學家使用無線電波，從地球發出傳遞地球近況的電子郵件給太空船（2）。

根據相對論，移動物體的時間進程會變得緩慢。依據相對論進行計算，在以光速之60%速度行進的太空船內，時間的進程會變慢至只有地球的80%（第3章）※。**當在地球已經過了10年時，太空船的時間只經過了8年（地球的80%）。**

從地球發出之傳送郵件的無線電波，經過15年追上太空船。

太空船在地球時間3025年1月收到該郵件。此時，時間進程緩慢的太空船時間為3020年1月（**3**）。接收到郵件的太空船，立即朝地球傳送回信（**4**）。傳送回信的無線電波在地球時間3040年1月抵達地球。此時，太空船的時間為3032年1月（**5**）。**儘管在地球與太空船之**間發生了這種時間偏差的不可思議現象，但是在以光速通訊的情況下，無法「與過去通訊」。**

※：根據狹義相對論的說法，高速運動的物體，時間進程會變慢，同時看起來會往行進方向收縮。從地球上觀察以光速之60%的速度行進的太空船，其長度看起來縮短到只有原來的80%。在插圖中，並未繪出太空船收縮的情形。

與太空船間以光速傳遞郵件

地球和以光速之60%速度行進的太空船之間，使用無線電波（以光速行進）傳遞郵件。3000年1月，太空船從地球出發（1），之後經過10年，地球向太空船發了一封郵件（2）。太空船一收到郵件後（3），立即回信（4），郵件抵達地球（5）。

在地球與太空船附近，分別標示有發生事件時的時間（日期）。根據相對論的說法，就靜立一旁的人來看，移動物體的時間進程變慢了。因此，從地球來看，太空船中的時間進程變慢了。隨著太空船與地球的距離越拉越遠，地球與太空船的時間差距也逐漸拉大。

1.

以光速之60%速度行進的太空船從地球出發

太空船的時間　3000年1月

太空船

地球

地球的時間　3000年1月

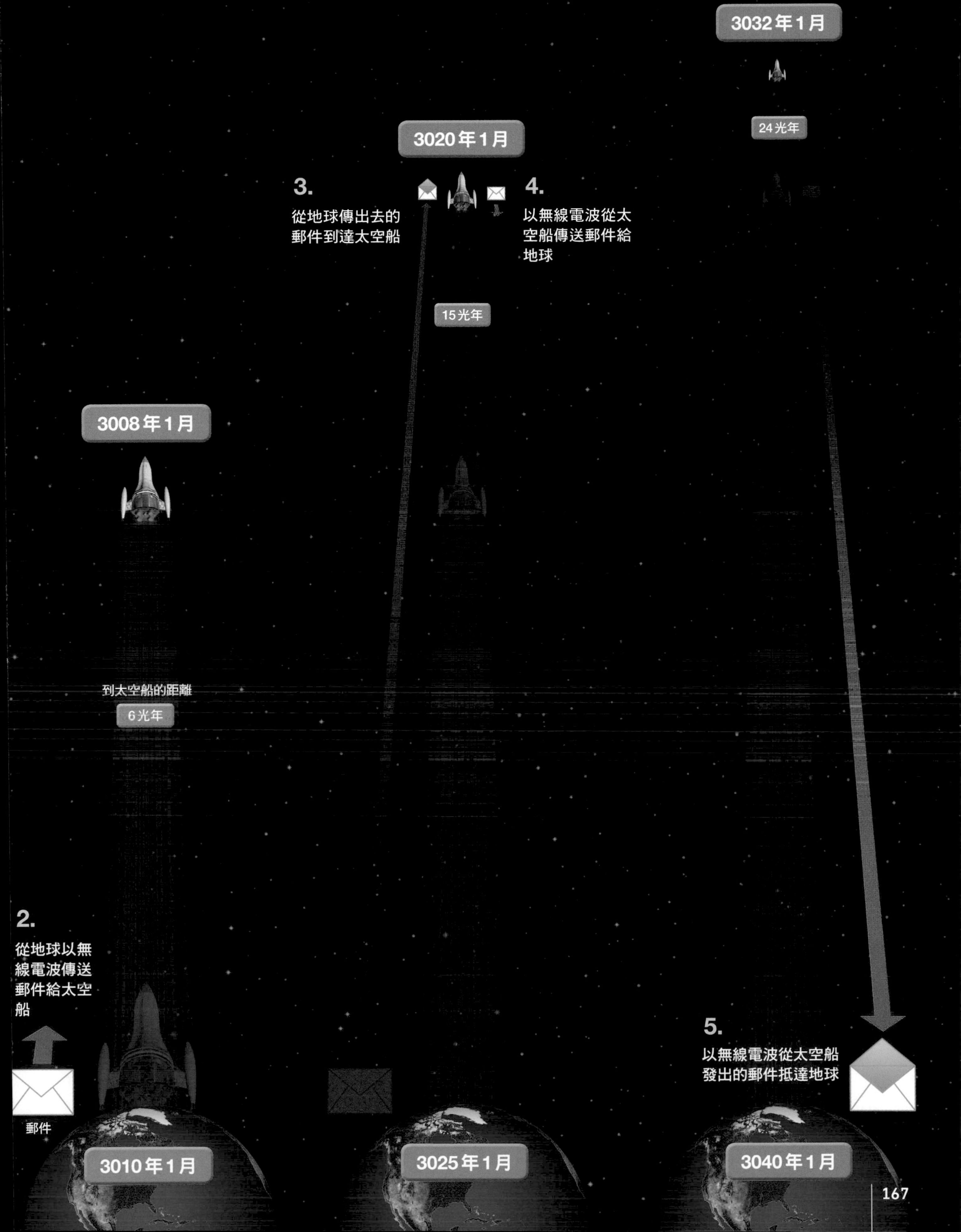

3032 年 1 月

24 光年

3020 年 1 月

3.
從地球傳出去的
郵件到達太空船

4.
以無線電波從太
空船傳送郵件給
地球

15 光年

3008 年 1 月

到太空船的距離

6 光年

2.
從地球以無
線電波傳送
郵件給太空
船

郵件

5.
以無線電波從太空船
發出的郵件抵達地球

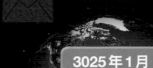

3010 年 1 月

3025 年 1 月

3040 年 1 月

超光速粒子 迅子 ③

以超光速通訊的話，郵件便能寄給 3 年前的自己！

接下來，讓我們思考**使用以光速之10倍速度行進的超光速粒子（迅子），進行地球與太空船間的通訊**。這次，亦以光速60%（0.6倍）速度行進的太空船在3000年1月1日從地球出發（**1**）。在出發10年後，在地球時間的3010年1月，使用迅子以超光速（光速的10倍）從地球發送郵件給太空船（**2**）。

迅子以超猛烈的速度追趕太空船，在地球時間3010年8月，太空船收到郵件（**3**）。此時，在太空船上的時間是3008年7月。

讓我們將視點移到太空船吧！**從太空船來看，地球正以光速之60%的速度退離**。從太空船的立場來看，移動的地球時間進程變慢了。

因此，根據相對論的說法來計算，太空船在3008年7月收到郵件時，從太空船的立場來看，地球的時間還在3006年10月（**3'**）。聽起來非常不可思議，不過相對論的說法認為時間進程會因為觀測者的立場不同而異

使用迅子的超光速通訊

跟第166頁一樣，地球與以光速之60%速度行進的太空船間有書信往來。不過，這次是使用迅子以光速的10倍速度來傳信。左頁插圖**1～3**所繪為從地球觀點來看太空船離開地球10年後，地球發信給太空船，太空船收到信件的情形。

右頁是太空船收到來自地球的郵件瞬間（**3'**）以及從太空船的觀點來看收信以後的情形。從太空船的立場來看，以光速之60%速度遠離的當然是地球，因此地球的時間進程比太空船還要緩慢。結果，儘管 **3** 和 **3'** 所繪為相同事件，但是從地球來看與從太空船來看，對方的日期和距離都不一樣。從太空船的立場來看，以超光速（光速的10倍）傳送到地球的回信（**4**），回到比當初發信日還要更早以前的地球（**5**）。

3008年1月

到太空船的距離
6光年

3.
從地球傳送出去的郵件到達太空船

3008年7月

6.4光年

1.
以光速之60％速度行進的太空船從地球出發

3000年1月　太空船的時間

太空船

地球

3000年1月　地球的時間

2.
從地球以迅子傳送郵件給太空船

郵件

3010年1月

3010年8月

（相對的）。

太空船立刻以超光速回信給地球（**4**）。根據相對論所進行的計算，該郵件會在地球時間3007年3月送達地球（**5**）。彙整這一連串的郵件往返，結果**3010年從地球送出的郵件，最終在3007年寄達地球**。

結果竟然比
原因更早發生？

如果能夠與過去通訊，那麼應該就能將現今發生的事傳遞給過去的自己知道。例如，若能告訴過去的自己將會發生車禍，過去的自己就不會接近事故現場，也就能躲過這場禍事。但是，既然躲過車禍的發生，未來的自己所傳遞「會發生車禍」的事實就不會發生，歷史軌跡因此改變。

認為「在時間上，原因一定得比結果更早發生」的法則稱為「因果律」（causality）。因果律是所有科學的一大前提。倘若可以與過去通訊的話，因果律就會被破壞※。因此，是否能與過去通訊，目前仍眾說紛紜。

※：也有即使與過去通訊，也不會破壞因果律的想法，其中之一就是「歷史絕對無法改變」的想法。以內文中所提到的例子為例，即使未來的自己告訴過去的自己將來會發生車禍，仍會有不可抗拒的力量讓車禍發生（發生車禍的事實不會改變）。

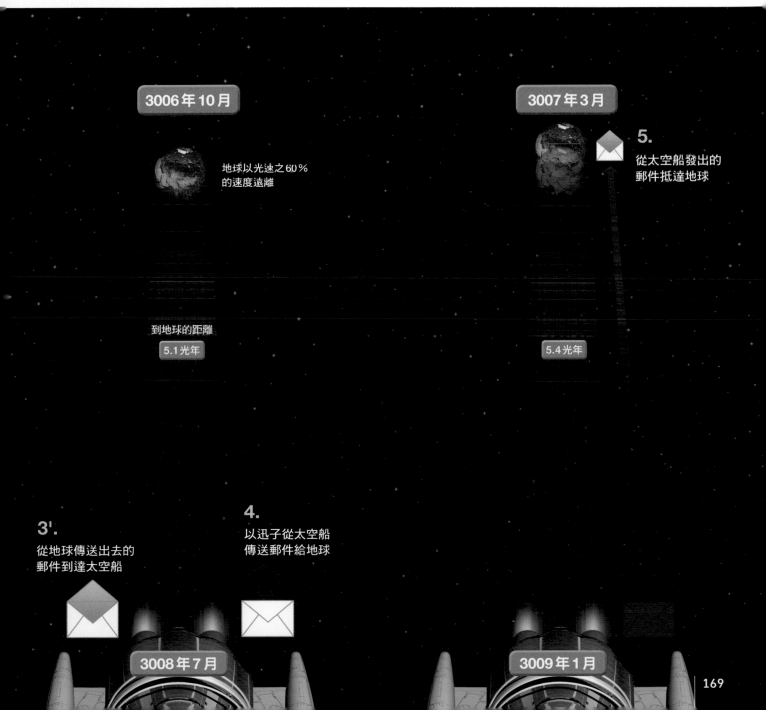

3006年10月

地球以光速之60％的速度遠離

3007年3月

5.
從太空船發出的郵件抵達地球

到地球的距離
5.1光年

5.4光年

3'.
從地球傳送出去的郵件到達太空船

4.
以迅子從太空船傳送郵件給地球

3008年7月

3009年1月

如何證明迅子的存在呢？

1968年，美國普林斯頓大學（Princeton University）的物理學家們（T. Alvager 和 M.N. Kreisler）進行偵測迅子的實驗。不過，雖然他們企圖偵測迅子，對迅子的性質卻是全然不知。因此他們除了將迅子設定成以超光速行進之外，其餘性質皆與普通粒子相同。

高能的光「γ射線」照射到物質時，γ射線的能量物質化，產生成對的電子和陽電子（電子的反粒子※）。科學家認為**也可能從γ射線的能量產生成對的迅子和反迅子（迅子的反粒子）**。

科學家預測迅子不會與構成我們世界的普通粒子發生反應，因此無法直接偵測出迅子。所以科學家利用當帶電粒子移動速度比光還要快時會放出的「契忍可夫光」，進行間接偵測。由於普通粒子在真空中的移動速度不可能比光快，所以**如果在真空中發生契忍可夫光，就是迅子存在的證據**。

T. Alvager 和 M.N. Kreisler 使用右邊插圖所示裝置，以人為方式生成訊子，進行偵測實驗。然而**並未發現迅子存在的證據**。

迅子的存在與否依然成謎

其後，雖然也利用其他方法進行多個偵測迅子的實驗，但皆未能獲得偵測到迅子的圓滿結果。儘管未能偵測到迅子，但是只要迅子存在，即有可能破壞科學的大前提「因果律」，因此現在似乎有很多物理學家反倒希望迅子不要存在。

福江教授表示：「現在好像沒有物理學家在積極進行發現迅子的實驗，然而想要證明迅子不存在也很困難，亦即無法完全否定迅子的存在。」目前之所以未能發現迅子，說不定是偵測技術尚未到位的緣故。並不表示人類發現迅子，且利用迅子的道路已經封閉。　　☄

※：多數的基本粒子都有其對應的反物質粒子，稱為反粒子（antiparticle）。粒子和反粒子的質量、生命期、自旋等性質相同；但電荷、磁矩等性質則相反。舉例來說，電子的反粒子稱為正電子，或叫正子（positron）。電子帶負電荷，電子的反粒子則帶正電荷。

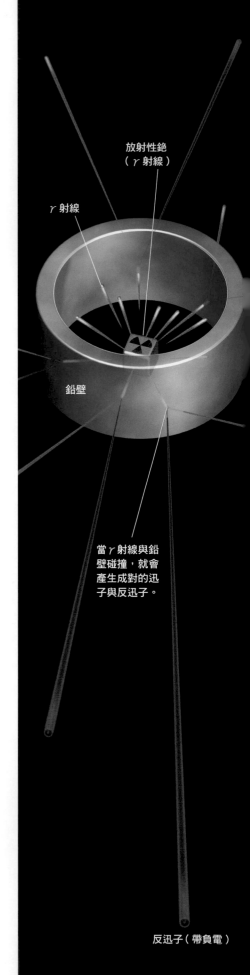

放射性鈷（γ射線）

γ射線

鉛壁

當γ射線與鉛壁碰撞，就會產生成對的迅子與反迅子。

反迅子（帶負電）

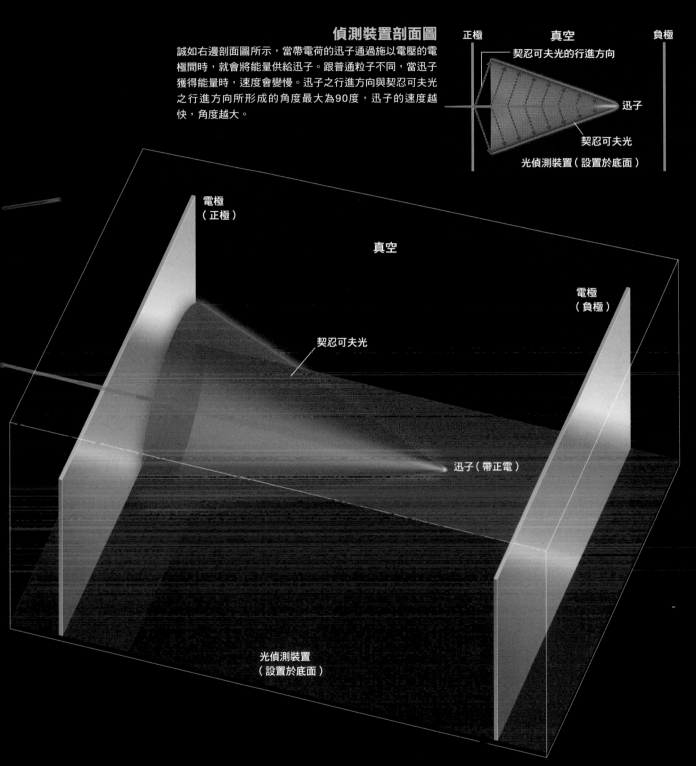

偵測裝置剖面圖

誠如右邊剖面圖所示，當帶電荷的迅子通過施以電壓的電極間時，就會將能量供給迅子。跟普通粒子不同，當迅子獲得能量時，速度會變慢。迅子之行進方向與契忍可夫光之行進方向所形成的角度最大為90度，迅子的速度越快，角度越大。

正極 　　真空　　 負極

契忍可夫光的行進方向

迅子

契忍可夫光

光偵測裝置（設置於底面）

電極
（正極）

真空

電極
（負極）

契忍可夫光

迅子（帶正電）

光偵測裝置
（設置於底面）

迅子的偵測裝置

在此模式化繪出偵測迅子之實驗裝置的機制。偵測裝置內部為真空。研究者假設 γ 射線與鉛碰撞所產生的迅子與反迅子分別帶正電荷和負電荷。科學家認為帶電的迅子通過真空中時，會發出契忍可夫光。不過，要發出契忍可夫光必須要有能量。研究者認為縱使進入裝置時的迅子所具能量為零，只要補充迅子電能，當迅子通過偵測裝置時，便能發出契忍可夫光。發出的契忍可夫光會被設置在底面的裝置偵測出來。

人人伽利略 科學叢書 11

國中・高中物理　徹底了解萬物運行的規則！　售價：380元

物理學是探究潛藏於自然界之「規則」（律）的一門學問。人類驅使著發現的「規則」，讓探測器飛到太空，也藉著「規則」讓汽車行駛，也能利用智慧手機進行各種資訊的傳遞。倘若有人對這種貌似「非常困難」的物理學敬而遠之的話，就要錯失了解轉動這個世界之「規則」的機會。這是多麼可惜的事啊！

★國立臺灣大學物理系教授 陳義裕 審訂、推薦

人人伽利略 科學叢書 12

量子論縱覽　從量子論的基本概念到量子電腦　售價：450元

本書是日本Newton出版社發行別冊《量子論增補第4版》的修訂版。本書除了有許多淺顯易懂且趣味盎然的內容之外，對於提出科幻般之世界觀的「多世界詮釋」等量子論的獨特「詮釋」，也用了不少篇幅做了詳細的介紹。此外，也收錄多篇介紹近年來急速發展的「量子電腦」和「量子遙傳」的文章。

★國立臺灣大學物理系退休教授 曹培熙 審訂、推薦

人人伽利略 科學叢書 18

超弦理論　與支配宇宙萬物的數學式　售價：400元

「支配宇宙萬物的數學式」是愛因斯坦、馬克士威等多位物理學家所建構之理論的集大成。從自然界的最小單位「基本粒子」到星系，以及它們的運動和力的作用，幾乎宇宙的所有現象皆可用這個數學式來表現。該數學式可以說人類累世以來的智慧結晶。

而超弦理論是具有解決這些問題之潛能的物理學理論。現在，就讓我們進入最尖端物理世界，一起來探索自然界的「真實面貌」吧！

★國立臺灣師範大學物理學系教授 林豐利老師 審訂、推薦

人人伽利略 科學叢書 10

用數學了解宇宙

只需高中數學就能
計算整個宇宙！　　　　售價：350元

　　每當我們看到美麗的天文圖片時，都會被宇宙和天體的美麗所感動！遼闊的宇宙還有許多深奧的問題等待我們去了解。

　　本書對各種天文現象就它的物理性質做淺顯易懂的說明。再舉出具體的例子，說明這些現象的物理量要如何測量與計算。計算方法絕大部分只有乘法和除法，偶爾會出現微積分等等。但是，只須大致了解它的涵義即可，儘管繼續往前閱讀下去瞭解天文的奧祕。

★台北市天文協會監事　陶蕃麟 審訂、推薦

人人伽利略 科學叢書 17　　　　　　　　售價：500元

飛航科技大解密　圖解受歡迎的大型客機與戰鬥機

　　客機已是現在不可或缺的交通工具之一。然而這樣巨大的金屬團塊是如何飛在天空上的？各個構造又有什麼功能呢？本書透過圖解受歡迎的大型客機A380及波音787，介紹飛機在起飛、飛行直到降落間會碰到的種種問題以及各重點部位的功能，也分別解說F-35B、F-22等新銳戰鬥機與新世代飛機，希望能帶領讀者進入飛機神祕的科技世界！

人人伽利略 科學叢書 27

138億年大宇宙　全盤了解宇宙的天體與歷史　售價：500元

　　宇宙何其遼闊，本書分為時間篇與空間篇，幫助讀者從脈絡漸進，建立清楚架構。時間篇從宇宙誕生到碰撞、形成星系最後燃燒殆盡的過程，瞭解宇宙的過去與未來；空間篇則從太陽系出發，一路穿梭美麗的星雲、星團與星系，認識璀璨光輝的宇宙。

　　本書藉由彙整詳細的研究資料再搭配精美天文圖片，既容易理解，也能盡情享受天文的樂趣！

★台北市天文協會監事　陶蕃麟 審訂、推薦

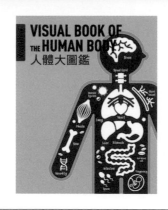

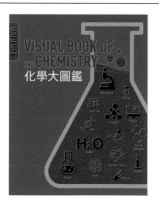
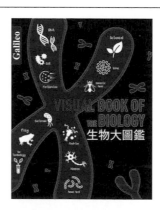
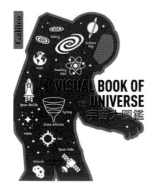

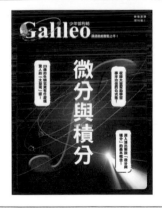
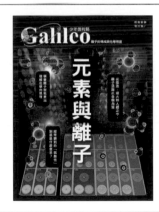

【 人人伽利略系列 29 】

解密相對論
說明時空之謎與重力現象的理論

作者／日本Newton Press
執行副總編輯／賴貞秀
翻譯／賴貞秀
商標設計／吉松薛爾
發行人／周元白
出版者／人人出版股份有限公司
地址／231028 新北市新店區寶橋路235巷6弄6號7樓
電話／（02）2918-3366（代表號）
傳真／（02）2914-0000
網址／www.jjp.com.tw
郵政劃撥帳號／16402311 人人出版股份有限公司
製版印刷／長城製版印刷股份有限公司
電話／（02）2918-3366（代表號）
經銷商／聯合發行股份有限公司
電話／（02）2917-8022
第一版第一刷／2022年2月
定價／新台幣500元
　　　　港幣167元

國家圖書館出版品預行編目（CIP）資料

解密相對論：說明時空之謎與重力現象的理論／
日本Newton Press作；賴貞秀翻譯. -- 第一版. --
新北市：人人, 2022.02 面；公分. ——
（人人伽利略系列；29）
ISBN 978-986-461-274-1（平裝）
1.CST：相對論

331.2　　　　　　　　　　　　　110022015

NEWTON BESSATSU ZERO KARA WAKARU
SOTAISEI RIRON KAITEI DAI 2 HAN
Copyright © Newton Press 2021
Chinese translation rights in complex
characters arranged with Newton Press
through Japan UNI Agency, Inc., Tokyo
www.newtonpress.co.jp
●著作權所有・翻印必究●

Staff

Editorial Management	木村直之
Design Format	米倉英弘（細山田デザイン事務所）
Editorial Staff	遠津早紀子
	疋田朗子

Photograph

表紙〜2	rost9/stock.adobe.com	51	佐賀大学 山下義行	99	KEK
4	SPL/PPS通信社	79	NASA, ESA, and STScI, NASA, ESA, A. Bolton	117	理化学研究所
5	HIP/PPS通信社		(Harvard-Smithsonian CfA) and the SLACS Team	140〜151	佐賀大学 山下義行
6	FIA/Rue des Archives/PPS通信社	98	KEK	160	藤井 旭, ESA/Hubble & NASA

Illustration

Cover Design	宮川愛理		Observatory, 地球の雲：NASA Goddard Space	124-125	吉原成行
2	Newton Press		Flight Center Image by Reto Stöckli (land	126	Newton Press
3	吉原成行, Newton Press		surface, shallow water, clouds). Enhancements	126-127	小林 稔
5	寺田 敬		by Robert Simmon (ocean color, compositing,	128-129	加藤愛一
6〜9	Newton Press		3D globes, animation). Data and technical	130-131	Newton Press
10-11	黒田清桐		support: MODIS Land Group; MODIS Science	132-133	太湯雅晴・Newton Press
12〜19	Newton Press		Data Support Team; MODIS Atmosphere Group;	134〜139	Newton Press
20〜23	吉原成行		MODIS Ocean Group Additional data: USGS	142	Newton Press
24〜29	Newton Press		EROS Data Center (topography); USGS	148	Newton Press
30	【マクスウェル】黒田清桐		Terrestrial Remote Sensing Flagstaff Field	151	Newton Press
30〜49	Newton Press		Center (Antarctica; Defense Meteorological	152-153	小林 稔
50	カサネ・治		Satellite Program (city lights).], 【宇宙船】吉	154〜157	Newton Press [地球：Reto Stöckli, NASA Earth
52-53	黒田清桐		原成行		Observatory]
54〜79	Newton Press	96〜99	Newton Press	158-159	Newton Press
81	吉原成行	100-101	吉原成行	160-161	小林 稔
82〜87	吉原成行, 【顔のアイコン】Newton Press	102	Newton Press	162-163	小林 稔
88-89	吉原成行, 【グラフ】Newton Press	103	吉原成行	164-165	小林 稔
90〜92	吉原成行	104〜107	Newton Press	166〜169	Newton Press
93	Newton Press	109	加藤愛一・Newton Press	170-171	吉原成行
95	Newton Press [地球：Reto Stöckli, NASA Earth	110〜123	Newton Press		